普通高等教育"十四五"规划教材

机电液控制系列丛书

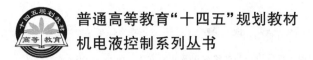

U0383059

单片机原理及应用实验
仿真案例教程

郭岩宝　编著

中国石化出版社

内 容 提 要

本书集合了单片机基础知识、系统设计、电路知识及实验方法、Proteus/uVision 软件应用等内容于一身，实用性强。以完整的单片机系统开发和应用为主线，在其中穿插了与之相关的电子元器件和软件知识，真正做到将单片机系统设计所需要的知识有机地融为一体，实现不需要过多的基础就能深度学习单片机基础知识和上手单片机系统设计与开发的目的。

本书可作为高等院校机械类、电子类、计算机类的专业教材，还可供从事单片机应用的工程技术人员参考。

图书在版编目（CIP）数据

单片机原理及应用实验仿真案例教程／郭岩宝编著 .
— 北京：中国石化出版社，2022.3

普通高等教育"十四五"规划教材
ISBN 978-7-5114-6587-0

Ⅰ.①单… Ⅱ.①郭… Ⅲ.①单片微型计算机-高等学校-教材 Ⅳ.①TP368.1

中国版本图书馆 CIP 数据核字（2022）第 031728 号

中国石化出版社出版发行

地址：北京市东城区安定门外大街 58 号
邮编：100011　电话：(010)57512500
发行部电话：(010)57512575
http://www.sinopec-press.com
E-mail:press@sinopec.com
北京富泰印刷有限责任公司印刷
全国各地新华书店经销
*
710×1000 毫米 16 开本 16.25 印张 315 千字
2022 年 4 月第 1 版　2022 年 4 月第 1 次印刷
定价：48.00 元

前言 PREFACE

本教材面向的是普通高等院校理工科的学生，适用于机械类、电子类、计算机类等专业。针对当前国家与社会对大学生的实际需求，考虑到大学授课课时精简且质量提高的实际情况，特此编著了这本以案例为导向的单片机基础教材。

自 1946 年世界上第一台计算机 ENIAC 诞生以来，世界上的几乎所有科技与产品都离不开信息技术的发展。单片机及其应用技术可以说是一种计算机技术应用的精华，它小巧且高度集成，只需一片芯片即可组成计算机的大部分部件，它同时需要软件的编写和硬件电路的组装，是跨越计算科学与电子技术的纽带。单片机自一开始就是为了工业应用而诞生的，我们在学习单片机的过程中，应当时刻明晰这两个字——应用。

举例来说，用单片机做出机械臂，做出无人机，哪怕只是还在纸上的设计，这个设计也应当是直指实际的成品与生产。只有真正地将所学转化为实际的应用，我们才有学习的动力和目标。这也是为什么本书是以实例为导向的，全书的所有实例都是精挑细选的。譬如点亮 LED 灯是所有 I/O 控制的基础，无论是更高级的流水灯或者交通红绿灯，其前提条件都是能把灯点亮。同时，不仅要能点亮灯，还要明白为什么灯会亮，譬如如果直接将灯接在 P0 口上是不会亮的，还要接上上拉电阻。为什么需要这个电阻，这也是很重要的知识。

随着国内单片机开发工具研制水平的提高，现在的单片机仿真器普遍支持 C 语言程序的调试，例如常见的 8051 系列单片机开发工具 Keil、AVR 单片机开发工具 AVR Studio，这样为单片机使用 C 语言编程提供了相当的便利。使用 C 语言编程不必对单片机和硬件接口的结构有很深入的了解，聪明的编译器可以自动完成变量的存储单元的分配，用户只需要专注于应用软件部分的设计即可，这样就会大大加快软件的开发速度，而且使用 C 语言设计的代码，很容易在不同的单片机平台进行移植，软件开发速度、软件质量、程序的可读性、可移植性等都是汇编所不能比拟的。

在电子信息发展迅猛的年代，我们不仅要掌握 8051 系列单片机的 C 语言编程，而且要掌握好按键、LCD、USB 等程序的编写，要知道几乎每一样单片机系统都要与它们打交道。例如生活中常见的门禁系统，它们做好防盗的同时为人们提供了一个友好的"人机交互"接口（如按键、LCD），输入密码以按键为媒介，相关信息在 LCD 上显示，门禁系统的管理信息通过串口、USB 进行获取，甚至通过网络进行获取，而且获取的方式是通过 PC 的控制界面进行控制。

具体而言，本书面向 51 单片机编程和仿真，通过基础和高级例程，从零开始搭建一套完整的单片机过程智能运行管理系统。在每个例程中，讲解和教授所需功能的基础实现，然后可使读者结合所学知识，将该功能做出一定的调整，并整合到系统当中。当完成所有的例程后，一套功能完善的单片机智能系统便设计完成。本书力争让读者以最短时间、最高效率快速入门掌握 51 单片机，难度合理，同时设置了基础例程和高级例程，读者可以根据自己的需求自行选择学习。

在编写的过程中，本书参考了一些著作和专家学者的建议，同时也有许多同事参与到了编撰工作中来。工虽至此，但是仍然可能会有疏漏的地方，欢迎读者批评指正。

目录 CONTENTS

第1章 绪论 ································ (001)

1.1 51单片机概述 ···················· (002)

  1.1.1 MCS-51系列单片机简介 ······ (002)

  1.1.2 51单片机应用现状及发展趋势 ····· (003)

1.2 预备知识 ························ (005)

  1.2.1 数制及其转换 ················· (005)

  1.2.2 编码 ······················ (008)

  1.2.3 单片机中的基本术语 ··········· (015)

1.3 Proteus预备知识 ··············· (028)

  1.3.1 Proteus应用简介 ············· (028)

  1.3.2 Proteus元器件库说明 ········· (032)

  1.3.3 原理图绘制 ················· (033)

  1.3.4 PCB板设计 ················· (038)

第2章 编程基础与接口 ··············· (052)

2.1 C51语言 ······················ (052)

  2.1.1 基本结构 ··················· (052)

  2.1.2 变量与储存 ················· (053)

  2.1.3 数组介绍与应用 ·············· (054)

  2.1.4 数据结构 ··················· (071)

  2.1.5 ctype.h介绍与应用 ··········· (094)

  2.1.6 intrins.h介绍与应用 ·········· (103)

  2.1.7 string.h介绍与应用 ··········· (107)

2.2 接口 ·························· (128)

  2.2.1 各接口简介 ················· (128)

  2.2.2 51系列单片机的引脚应用特性 ···· (131)

2.2.3　I/O 端口 ………………………………………（132）

2.2.4　I/O 接口的扩展技术 …………………………（139）

2.2.5　电平特性 ………………………………………（141）

2.2.6　并行通信及接口基础 …………………………（142）

2.3　单片机的工作方式 ………………………………（152）

2.3.1　复位工作方式 …………………………………（152）

2.3.2　程序执行工作方式 ……………………………（153）

2.3.3　低功耗工作方式 ………………………………（153）

2.3.4　编程和校验工作方式 …………………………（156）

第3章　中断系统 ………………………………………（165）

3.1　中断系统概述 ……………………………………（165）

3.2　中断控制 …………………………………………（166）

3.2.1　外部中断 INT0 和 INT1 ………………………（167）

3.2.2　定时/计数器 T0 和 T1 中断 …………………（167）

3.2.3　串行口中断 ……………………………………（168）

3.2.4　两级中断允许控制 ……………………………（168）

3.2.5　两级优先级控制 ………………………………（168）

第4章　定时和计数器 …………………………………（174）

4.1　工作原理 …………………………………………（174）

4.2　控制寄存器 ………………………………………（175）

4.3　工作方式 …………………………………………（176）

第5章　串口通信技术 …………………………………（183）

5.1　串口概述 …………………………………………（183）

5.2　控制寄存器 ………………………………………（185）

第6章　接口技术与外设 ………………………………（197）

6.1　三总线结构 ………………………………………（197）

6.2　A/D 转换 …………………………………………（198）

6.3　D/A 转换 …………………………………………（204）

6.3.1　概念与简介 ……………………………………（205）

6.3.2　D/A 转换方法与原理 …………………………（209）

6.4　蜂鸣器 ……………………………………………（220）

6.5　传感器 ……………………………………………（222）

第7章　高级应用 ………………………………………（235）

7.1　矩阵键盘 …………………………………………（235）

7.2　显示屏 ……………………………………………（239）

7.3　日历与时间 ………………………………………（248）

参考文献 …………………………………………………（254）

第1章　绪论

本书集合了基础知识、系统设计、电路知识及实验方法、Proteus/uVision 软件应用等内容于一身，实用性强。以完整的单片机系统开发和应用为主线，在其中穿插了与之相关的电子元器件和软件知识，真正做到将单片机系统设计所需要的知识有机地融为一体，在不需要过多基础的前提下，实现能够深度学习单片机知识和上手单片机系统设计与开发的目的。

例程包括：

① 开发环境搭建；

② 系统运行状态灯：点亮 LED 灯；

③ 流水灯：流水点亮 LED 灯；

④ 独立按键：独立按键的应用；

⑤ 消抖按键：软件消抖；

⑥ 单数码管显示面板：数值显示面板；

⑦ 集成数码管显示面板：集成数码管显示面板；

⑧ 中断系统：INT0 的应用；

⑨ 多中断系统：INT0 和 INT1 同时作用；

⑩ 定时器：定时器的应用；

⑪ 计数器：计数器；

⑫ IIC：IIC 总线通信；

⑬ 外部储存器：外部储存器芯片用法；

⑭ A/D 转换：数模转换芯片用法；

⑮ 蜂鸣器：蜂鸣器用法；

⑯ 传感器：DS18B20 温度传感器的使用；

⑰ 多机通讯：串口和多机通信；

⑱ 矩阵键盘：矩阵键盘的用法；

⑲ 显示屏：LCD1602 的用法；

⑳ 日历与时间：日历芯片 1302 的用法。

1.1　51 单片机概述

1.1.1　MCS-51 系列单片机简介

MCS-51 系列单片机是 20 世纪 80 年代由美国 Intel 公司推出的一种高性能 8 位单片机，是当前应用中较为流行的单片机之一。40 多年来，51 系列单片机在教学、工业控制、仪器仪表和信息通信中发挥着重要的作用，并在交通、航运和家用电器等领域取得了大量的应用成果。它的片内集成了并行 I/O、串行 I/O 和 16 位定时器/计数器。片内的 RAM 和 ROM 空间都比较大，RAM 可有 256B，ROM 可达 8KB。现在的 MCS-51 系列单片机已有许多品种，其中应用较为广泛的型号为 89C51(89S51)。

MCS-51 系列单片机的指令系统提供了 7 种寻址方式，可寻址 64KB 的外部程序存储器空间和 64KB 的数据存储器空间；共有 111 条指令，其中包括乘除指令和位操作指令；中断源有 5 个(89C52 为 6 个)，分为两个优先级，可分别进行设置；在 RAM 区中还开辟了 4 个通用工作寄存器区，共有 32 个通用寄存器，适用于多种中断或子程序嵌套的情况。在 MCS-51 系列单片机内部，还有一个由直接可寻址位组成的布尔处理器——即位处理器。指令系统中位处理指令专用于对布尔处理器的各位进行布尔处理，特别适用于位控制和解决各种逻辑问题。MCS-51 的内部结构框图与逻辑符号如图 1-1 所示。

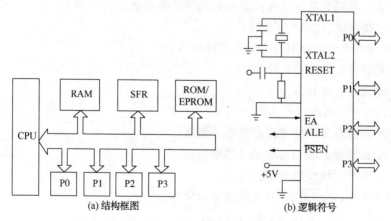

图 1-1　MCS-51 单片机的结构框图与逻辑符号

图 1-1 中信号端子的意义如下：

XTAL1、XTAL2：内部振荡电路的输入输出端，在这两端接上晶振和电容，内部振荡器便可自激振荡。

RESET：复位信号输入端，+5V 电源通过 RC 微分电路接至复位端，可实现上电自动复位，也可采用按钮开关复位。

$\overline{EA}$：内外程序存储器选择端。当 $\overline{EA}$ = 1，即为高电平时，访问内部程序存储器；当 $\overline{EA}$ = 0，即保持低电平时，只访问外部程序存储器，不管是否有内部存储器。

ALE：地址锁存信号输出端，用作对片外存储器访问时低字节地址。ALE 以 1/6 振荡频率的稳定速率输出，可用作对外输出的时钟或定时。

$\overline{PSEN}$：外部程序存储器读选通信号输出端。

P0~P3：4 个 8 位 I/O 端口，用来输入输出数据，P3 口还具有第二功能。MCS-51 系列单片机在内部存储空间不够用的情况下，可以扩展外部的存储器，此时，P0、P2 口作为地址/数据总线接口。

Intel 公司生产的 MCS-51 系列单片机功能强、可靠性高，用它作为智能仪器的核心部件，具有以下的优点：

(1) 运算速度高

一般仪器仪表均要求在零点几秒内完成一个周期的测量、计算和输出操作，如许多测量仪器仪表都是动态显示的，即要求它们能对测量对象的参数进行实时测量显示。由于人的反应时间一般小于 0.5s，故要求在 0.5s 内完成一次测量显示。如果要求采用多次测量取平均值，则速度要求更高。而不少仪器仪表的计算比较复杂，不仅要求有浮点运算功能，还要求有函数（如正弦函数、开平方等）计算能力，这就对 51 单片机中的微处理器的运算能力和运算速度提出了较高的要求。MCS-51 单片机的晶振频率可达 12MHz，大多数运算指令执行时间仅 1μs，并具有硬件乘法、除法指令，运算速度很高。

(2) 控制功能强

51 单片机的测量过程和各种测量电路均由单片机来控制，一般情况下这些控制端都为一根 I/O 线。由于 MCS-51 单片机具有布尔处理功能，包括一整套位处理指令、位控制转移指令和位控制 I/O 功能，这使得它特别适用于仪器仪表的控制。

(3) 硬件结构简单

一般要求 51 单片机中有大量的 I/O 口，并且需要有定时或计数功能，有的还需要有通信功能，而 MCS-51 单片机片内具有 32 根 I/O 口线、两个 16 位定时/计数器，还有一个全双工的串行口。这样，在使用 MCS-51 单片机后可大大简化仪器仪表的硬件结构，降低仪器仪表的造价。

1.1.2　51 单片机应用现状及发展趋势

(1) 51 单片机应用现状

51 单片机引领了仪器仪表产业今后发展的主流和方向，已被广泛地应用于人民生活中，涉及工农业、电力、交通运输、国防、文教卫生等各个方面，在国民经济建设各行各业的运行过程中发挥着极为重要的作用。比如，在现代国防建设技术装备中仪器仪表已成为重要的组成部分，仪器仪表和计算机占到中国航天工业的固定资产的三分之一；仪器仪表开支已占到运载火箭全部研制经费的一半左右。随着科技的发展，装备的智能化水平在不断提高，有关资料显示，仪器仪表校准在工程设备总投资中的比重已占到18%左右；宝山钢铁公司推行的一贯质量管理，将三分之一的技术装备投资经费用于购置仪器仪表和自控系统，满足其现代化生产技术的需求。

（2）51单片机发展趋势

1）微型化

51单片机的微型化是指将微电子技术、微机械技术、信息技术等综合应用于51单片机的设计与生产中，从而使仪器仪表成为体积较小、功能齐全的智能化仪器仪表。它能够完成信号采集，线性化处理，数字信号处理，控制信号的输出、放大，与其他仪器仪表接口以及与人交互等功能。微型51单片机随着微电子技术、微机械技术的不断发展，其技术不断成熟，价格不断降低，因此其应用领域也不断扩大。它不但具有传统仪器仪表的功能，而且能在自动化技术、航天、军事、生物技术、医疗等领域起到独特的作用。

2）人工智能化

人工智能是计算机应用的一个崭新领域，利用计算机模拟人的智能，用于机器人、医疗诊断、专家系统、推理证明等各个方面。51单片机的进一步发展将含有一定的人工智能，即代替人的一部分脑力劳动，从而在视觉（图形及色彩辨读）、听觉（语音识别及语言领悟）、思维（推理、判断、学习与联想）等方面具有一定的能力。这样，51单片机可以无需人的干预而自主地完成检测或控制功能。显然，人工智能在现代仪器仪表中的应用，使我们不仅可以解决用传统方法很难解决的一类问题，而且还有望解决用传统方法根本不能解决的一些问题。

3）多功能化

多功能本身就是51单片机的一个特点。例如，为了设计速度较快和结构较复杂的数字系统，仪器仪表生产厂家制造了具有脉冲发生器、频率合成器和任意波形发生器等多种功能合一的函数发生器。这种多功能的综合性产品不但在性能上（如准确度）比专用脉冲发生器和频率合成器高，而且在各种测试功能上提供了较好的解决方案。

4）通信与控制网络化

随着网络技术的飞速发展，Internet技术正在逐渐向工业控制和51单片机设计领域渗透，实现51单片机系统基于Internet的通信能力，以及对设计好的51

单片机系统进行远程升级、功能重置和系统维护。

在系统编程技术(In System Programming, 简称 ISP 技术)是对软件进行修改、组态或重组的一种最新技术。ISP 技术消除了传统技术的某些限制和连接弊病,有利于在板设计、制造与编程。ISP 硬件灵活且易于软件修改,便于设计开发。由于 ISP 器件可以像任何其他器件一样在印刷电路板(PCB)上处理,因此编程 ISP 器件不需要专门的编程器和较复杂的流程,只要通过 PC 机、嵌入式系统处理器,甚至 Internet 远程网就可进行编程。

另外,EMIT 嵌入式微型因特网互连技术也是一种将单片机等嵌入式设备接入 Internet 的新技术。利用该技术,能够将 8 位和 16 位单片机系统接入 Internet,实现基于 Internet 的远程数据采集、智能控制、上传/下载数据文件等功能。

5) 部分结构虚拟化

测试仪器仪表的主要功能都是由数据采集、数据分析和数据显示等三大部分组成的。随着计算机应用技术的不断发展,人们利用 PC 机强大的图形环境和在线帮助功能,建立了图形化的虚拟仪器仪表面板,完成了对仪器仪表控制、数据采集、数据分析和数据显示等功能。因此,只要额外提供一定的数据采集硬件,就可以与 PC 机组成测量仪器仪表。这种基于 PC 机的测量仪器仪表称之为虚拟仪器仪表。在虚拟仪器仪表中,使用同一个硬件系统,只要使用不同的软件编程,就可以得到功能完全不同的测量仪器仪表。可见,软件系统是虚拟仪器仪表的核心,因此,也有人称"软件就是仪器"。

传统的 51 单片机主要在仪器仪表技术中采用了某种计算机技术,而虚拟仪器仪表则强调在通用的计算机技术中吸收仪器技术。作为虚拟仪器仪表核心的软件系统具有通用性、通俗性、可视性、可扩展性和可升级性,能为用户带来极大的利益。因此,虚拟仪器仪表具有传统的 51 单片机所无法比拟的应用前景和市场。

1.2 预备知识

1.2.1 数制及其转换

日常所使用的十进制数要转换成等值的二进制数才能在计算机中进行存储和操作。字符数据又称非数值数据,包括英文字母、汉字、数字、运算符号以及其他专用符号。它们在计算机中也要转换成二进制编码的形式。因为二进制编码的形式容易实现,容易表示。

进制是一种计数机制,它使用有限的数字符号代表所有的数值。对于任何一种进制——X 进制,表示某一位置上的数在运算时,会逢 X 进一位,如常用的十进制就是"逢十进一"。实际生活中也有很多进制的应用，例如，$1min = 60s$，这就是六十进制，又如对学生进行分组时，假设 8 人一组，可以让学生进行报数，报满 8 个数就多了一个小组，这就是八进制。

在对进制的描述中有 3 个概念：

① 数位：数码在一个数中所处的位置。

② 基数：在某种进位计数制中，每个数位上所能使用的数码的个数，即 X 进制的基数就是 X。例如，十进制的基数就是 10，每个数位上只能使用 10 个数码，即 $0\sim9$。

③ 位权：在某一种进位计数制表示的数中表明不同数位上数值大小的一个固定常数。例如，十进制数的位权是 10 的整数次幂，其个位的位权是 10 的零次幂，十位的位权是 10 的一次幂。十进制数 123.56 按位权展开就是：$123.56 = 1 \times 10^2 + 2 \times 10^1 + 3 \times 10^0 + 5 \times 10^{-1} + 6 \times 10^{-2}$。

在使用 51 单片机或其他数字计算机时，了解不同的数制和数码是非常有必要的，因为学习这些仪器的基本要求便是学会表示、存储和处理数字。51 单片机通常以某种形式处理二进位计数制，用来表示各种代码和大小。下面将针对 C 语言与 51 单片机中的二进制、八进制和十六进制分别进行讲解。

二进制基数为 2，每个数位上只能使用 2 个数码，即 0 和 1。由于二进制只使用两个数字，二进制数的每一位只需增加两次便向左一位进 1，进位规则是"逢二进一"。例如计算二进制算术"1+1"，因为被加数最低位 1 是该位上最大的数，所以再加 1 后就会向前一位进一，该位改为 0，所以二进制算术"1+1"的结果是二进制数 10。二进制 101.01 按位权展开就是：

$$(101.01)_2 = 1 \times 2^2 + 0 \times 2^1 + 1 \times 2^0 + 0 \times 2^{-1} + 1 \times 2^{-2}$$

在数字电路中，二进制数 1 和 0 可以方便地表示两个不同等级的电压，例如，图 1-2 中的+5V 和 0V。因此，二进制可以很便捷地应用于 51 单片机与计算机系统。

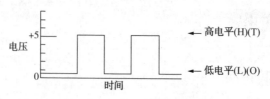

图 1-2　数字信号波形

二进制数中的每个数字是一个位，51 单片机的处理器存储单元由成千上万个小的单元组成，这些单元称之为字，每个字都能够以二进制数，也就是位的形式存储数据。一个字能存储的位数取决于使用的 51 单片机系统类型，最常用的为 16 位或 32 位的字。在一个字中，8 个位可组成一个字节，一个字可以包含两个或更多的字节。图 1-3 解释了两个字节如何组成一个 16 位的字。最低有效位(Least Significant Bit，LSB)是该数中位权最小的数字，最高有效位(Most Significant Bit，MSB)是该数中位权中最大的数字。字中的一个位只存在两种状态：逻辑1(也就是ON)状态，或者逻辑0(也就是OFF)状态。

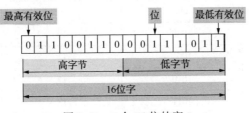

图 1-3　一个 16 位的字

　　单片机内存以字节、单字或者双字的形式存储数据。旧版的 51 单片机使用的字是 8 位或 16 位，而较新版本，如 Allen-Bradley 公司的 ControlLogix 系统，使用的是 32 位的双字，可编程控制器中内存的容量直接影响用户能够存储的程序的多少。如图 1-3 所示，若内存容量为 1K 个字，字(word)等于两个字节(byte)，则使用 16 位字可以存储 16384(1024×16)位的信息，使用 32 位字可以存储 32768(1024×32)位的信息。

　　虽然二进制只有两个数字，但却能够表示十进制数能够表示的所有数字的大小。所有 51 单片机的内部均工作于二进制，其处理器，作为一个数字设备，同样只能够识别 0 与 1，也就是二进制数。

　　十六进制基数为 16，每个数位上只能使用 16 个数码，它由 0~9、A~F 这 16 个符号来描述，即除了 0~9 外，十进制的 10~15 用 A~F 表示。进位规则是"逢十六进一"。十六进制数 4A3D 按位权展开就是(十六进制中 A 为 10，D 为 13)：

$$(4A3D)_{16} = 4 \times 16^3 + 10 \times 16^2 + 3 \times 16^1 + 13 \times 16^0$$

　　下面通过对比的方式，来看十进制数和二进制数、八进制数、十六进制数的对应关系，见表 1-1。

表 1-1　十进制与二进制、八进制、十六进制对照表

十进制	二进制	八进制	十六进制
0	0	0	0
1	1	1	1
2	10	2	2
3	11	3	3
4	100	4	4
5	101	5	5

续表

十进制	二进制	八进制	十六进制
6	110	6	6
7	111	7	7
8	1000	10	8
9	1001	11	9
10	1010	12	A
11	1011	13	B
12	1100	14	C
13	1101	15	D
14	1110	16	E
15	1111	17	F
16	10000	20	10

需要注意的是，不同的进制是对数值的不同表示方式，无论采用哪种进制表示一个数，它的值都是一样的。以十进制 16 为例，十进制由符号"16"表示，而八进制由符号"20"表示，十六进制由符号"10"表示。

十进位计数制是我们最常用的计数制，包含 10 个基。所谓数制的基，即是该数制所采用的数字符号的个数。例如，在十进位计数制中，便使用了 0~9 十个不同的数字符号，这些符号的总数与基数相等，且符号中的最大值比基数小 1。

一个十进制数的大小取决于组成该数的各个数字的大小以及每个数字的位权。各数字从右向左排列，其占据的每一位都有特定的阶数。在十进制中，右边第一位的阶数为 0，第二位的阶数为 1，第三位的阶数为 2，以此类推至该数最后一位。每一位的位权为该数制基的整数次幂，该整数即为该位的阶数。对于十进制，从右向左，每一位相应的位权分别位 1、10、100、1000，等等。

不管是用哪种进制形式来表示，数值本身是不会发生变化的。因此，各种进制之间可以轻松地实现转换，非十进制转换成十进制的方法是按位权展开，并求和。

1.2.2 编码

(1) BCD 码

BCD 码(Binary-Coded Decimal)，用 4 位二进制数来表示 1 位十进制数中的 0~9 这 10 个数码，是一种二进制的数字编码形式，用二进制编码的十进制代码。BCD 码这种编码形式利用了四个位元来储存一个十进制的数码，使二进制和十进制之间的转换得以快捷地进行。这种编码技巧最常用于会计系统的设计里，因为会计制度经常需要对很长的数字串做准确的计算。相对于一般的浮点式记数法，采用 BCD 码，既可保存数值的精确度，又可免去使计算机做浮点运算时所耗费的时间。此外，对于其他需要高精确度的计算，BCD 编码亦很常用。

BCD 码可分为有权码和无权码两类。6 种常见码字的关系对照表见表 1-3。常见的有权 BCD 码有 8421 码、2421 码、5421 码，无权 BCD 码有余 3 码、余 3 循环码、格雷码。8421BCD 码是最基本和最常用的 BCD 码，它和四位自然二进制码相似，各位的权值为 8、4、2、1，故称为有权 BCD 码。5421BCD 码和 2421BCD 码同为有权码，它们从高位到低位的权值分别为 5、4、2、1 和 2、4、2、1。余 3 码是由 8421 码加 3 后形成的，是一种"对 9 的自补码"。余 3 循环码是一种变权码，每一位在不同代码中并不代表固定的数值，主要特点是相邻的两个代码之间仅有一位的状态不同。格雷码(也称循环码)是由贝尔实验室的 Frank Gray 在 1940 年提出的，用于使用 PCM 方法传送信号时防止出错。格雷码是一个数列集合，它是无权码，它的两个相邻代码之间仅有一位取值不同。余 3 循环码是取 4 位格雷码中的十个代码组成的，它同样具有相邻性的特点。

二进制编码的十进制数(Binary Coded Decimal，BCD)，是指用二进制编码来表示十进制数据。由于实际应用中一般计算问题的原始数据大多数是十进制数，而十进制数又不能直接输入计算机中参与运算，因此必须用二进制数为它编码(也就是 BCD 码)后方能输入计算机。输入计算机的 BCD 码或经二进制到十进制转换程序变为二进制数后参与运算，或直接由计算机进行二进制到十进制运算(即 BCD 码运算)。计算机进行 BCD 码运算时仍要用二进制逻辑来实现，不过要设法使它符合十进制运算规则。用二进制数为十进制数编码时，每一位十进制数需要用 4 位二进制数表示。4 位二进制数能编出 16 个码，其中 6 个码是多余的，应该放弃不用。而这种多余性便产生了多种不同的 BCD 码。在选择 BCD 码时，应使该 BCD 码便于十进制运算、校正错误，以及求补和与二进制数相互转换。

最常用的 BCD 码是 4 位二进制数的权从高到低分别为 8、4、2、1 的 BCD 码，称为 8421BCD 码，见表 1-4。它所表示的数值规律与二进制计数制相同，容易理解和使用，也很直观。例如，若 BCD 码为 1001000101010011.00100100B，则很容易写出相应的十进制数为 9153.24。

可以很便利地处理 51 单片机需要输入或输出的多位数字。在众多计数制中，二进制与十进制间的进制转换较为麻烦。BCD 可以方便地将人类容易识别的十进制转换为机器便于处理的二进制数，如 51 单片机中拨轮开关和 LED 显示器都是利用 BCD 码的 51 单片机设备。

BCD 码使用四位数字表示一位十进制数。这四位数字即是十进制数 0~9 的二进制等值数。在 BCD 码中，四位数字能够表示的最大十进制数为 9。

将十进制数用 BCD 码表示只需要将十进制数的每一位数字转换为四位 BCD 码。为了将 BCD 码与二进制数加以区分，在单元数字右边会有 BCD 码标志。十进制数 7863 的 BCD 码表示如图 1-4 所示。

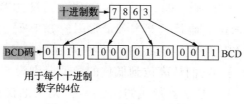

图 1-4　BCD 码表示十进制数

拨轮开关是一种运用 BCD 码的输入设备。图 1-5 显示的是单数字 BCD 拨轮。拨轮的电路板中，十进制数的每一位都有与之位权相关联的 BCD 码，两者之间有电路公共连接进行转换。操作人员拨出 0~9 间的一个十进制数，拨轮开关输出其等值的 4 位 BCD 码。在图 1-5 中，拨出数字 8 便输入了 BCD 码，拨出数字 8 便输入了 1000。与单数字拨轮开关相似，四数字拨轮开关能够控制共 16(4×4) 位 51 单片机输入。

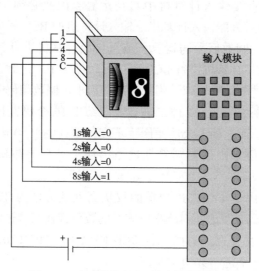

图 1-5　BCD 指轮与 51 单片机交换界面

科学计算器可以方便地将数字在十进制、二进制、八进制和十六进制间转换。除此之外，51 单片机也具有数值转换功能，见表 1-3。输入时需要将 BCD

码转换为二进制数，而输出时需要将二进制数转换为 BCD 码。转换为 BCD 码的指令能够在源地址 N7：23 将二进制位组合转换为与十进制数等值的 BCD 码位模式，并存储于目标地址 O：20。指令每次被扫描到且指令为真时便会执行。常用 BCD 码见表 1-2。

表 1-2　常用 BCD 码

十进制数	有权码			无权码		
	2421 码	5421 码	8421 码	余 3 码	余 3 循环码	格雷码
0	0000	0000	0000	0011	0010	0000
1	0001	0001	0001	0100	0110	0001
2	0010	0010	0010	0101	0111	0011
3	0011	0011	0011	0110	0101	0010
4	0100	0100	0100	0111	0100	0110
5	1011	1000	0101	1000	1100	0111
6	1100	1001	0110	1001	1101	0101
7	1101	1010	0111	1010	1111	0100
8	1110	1011	1000	1011	1110	1100
9	1111	1100	1001	1100	1010	1101

很多 51 单片机可以更改数字监视器中显示的数字的格式。例如，Allen-Bradley 控制器的基数更改功能能够将数字的显示格式更改为二进制、八进制、十六进制和 ASCII（American Standard Code for Information Interchange，美国信息交换标准代码）码。十进制、二进制、BCD 码和十六进制的等值数字见表 1-3。

表 1-3　十进制、二进制、BCD 码和十六进制的等值数字

十进制	二进制	BCD 码	十六进制
0	0	0000	0
1	1	0001	1
2	10	0010	2
3	11	0011	3
4	100	0100	4
5	101	0101	5
6	110	0110	6
7	111	0111	7

续表

十进制	二进制	BCD 码	十六进制
8	1000	1000	8
9	1001	1001	9
10	1010	00010000	A
11	1011	00010001	B
12	1100	00010010	C
13	1101	00010011	D
14	1110	00010100	E
15	1111	00010101	F
16	10000	00010110	10

（2）ASCII 码

ASCII 是基于拉丁字母的一套电脑编码系统，主要用于显示现代英语和其他西欧语言。它是最通用的信息交换标准，并等同于国际标准 ISO/IEC 646。ASCII 第一次以规范标准的类型发表是在 1967 年，最后一次更新则是在 1986 年，到目前为止共定义了 128 个字符。ASCII 码既包括数字也包含字母，因此是一种字母数字代码。ASCII 码采用的字符包括 10 个数字、26 个大写字母以及 25 个特殊字符，其中包括标准打印机含有的字符。

计算机将键盘的击键直接转换为 ASCII 码，以待处理。每次敲击计算机键盘，计算机内存便会存储一个 7 位或 8 位的字，这些字用以表示所按压键代表的字母数字、功能或控制数据。ASCII 码输入模块将外部设备输入的 ASCII 码信息转换为 51 单片机能够处理的字母数字信息。通信接口协议采用 RS-232 或 RS-422。

在计算机中，所有的数据在存储和运算时都要使用二进制数表示（因为计算机用高电平和低电平分别表示 1 和 0），例如，像 a、b、c、d 这样的 52 个字母（包括大写）以及 0、1 等数字还有一些常用的符号（例如 *、#、@ 等）在计算机中存储时也要使用二进制数来表示，而具体用哪些二进制数字表示哪个符号，当然每个人都可以约定自己的一套（这就叫编码），而大家如果要想互相通信而不造成混乱，那么就必须使用相同的编码规则，于是美国有关标准化组织就出台了 ASCII 编码，统一规定了上述常用符号用哪些二进制数来表示。美国信息交换标准代码是由美国国家标准学会（American National Standard Institute，ANSI）制定的，是一种标准的单字节字符编码方案，用于基于文本的数据。它最初是美国国家标准，供不同计算机在相互通信时用作共同遵守的西文字符编码标准，后来它被国际标准化组织（International Organization for Standardization，ISO）定为国际标准，称为 ISO 646 标准，适用于所有拉丁文字字母。

ASCII 码使用指定的 7 位或 8 位二进制数组合来表示 128 或 256 种可能的字符。标准 ASCII 码也叫基础 ASCII 码，使用 7 位二进制数（剩下的 1 位二进制为 0）来表示所有的大写和小写字母，数字 0~9、标点符号，以及在美式英语中使用的特殊控制字符。其中：

0~31 及 127（共 33 个）是控制字符或通信专用字符（其余为可显示字符），如控制符：LF（换行）、CR（回车）、FF（换页）、DEL（删除）、BS（退格）、BEL（响铃）等；通信专用字符：SOH（文头）、EOT（文尾）、ACK（确认）等；ASCII 值为 8、9、10 和 13 的分别转换为退格、制表、换行和回车字符。它们并没有特定的图形显示，但会依不同的应用程序，而对文本显示有不同的影响。32~126（共 95 个）是字符（32 是空格），其中 48~57 为 0~9 这 10 个阿拉伯数字。65~90 为 26 个大写英文字母，97~122 号为 26 个小写英文字母，其余为一些标点符号、运算符号等。

同时还要注意，在标准 ASCII 中，其最高位（b7）用作奇偶校验位。所谓奇偶校验，是指在代码传送过程中用来检验是否出现错误的一种方法，一般分奇校验和偶校验两种。奇校验规定：正确的代码一个字节中 1 的个数必须是奇数，若非奇数，则在最高位 b7 添 1；偶校验规定：正确的代码一个字节中 1 的个数必须是偶数，若非偶数，则在最高位 b7 添 1。

后 128 个称为扩展 ASCII 码。许多基于 x86 的系统都支持使用扩展（或"高"）ASCII。扩展 ASCII 码允许将每个字符的第 8 位用于确定附加的 128 个特殊符号字符、外来语字母和图形符号。

（3）格雷码

在一组数的编码中，若任意两个相邻的代码只有一位二进制数不同，则称这种编码为格雷码（Gray Code），另外由于最大数与最小数之间也仅一位数不同，即"首尾相连"，因此又称循环码或反射码。在数字系统中，常要求代码按一定顺序变化。例如，按自然数递增计数，若采用 8421 码，则数 0111 变到 1000 时四位均要变化，而在实际电路中，4 位的变化不可能绝对同时发生，则计数中可能出现短暂的其他代码（1100、1111 等），在特定情况下可能导致电路状态错误或输入错误。使用格雷码可以避免这种错误。

格雷码，又叫循环二进制码或反射二进制码，在数字系统中只能识别 0 和 1，各种数据要转换为二进制代码才能进行处理。格雷码是一种无权码，采用绝对编码方式，典型格雷码是一种具有反射特性和循环特性的单步自补码，它的循环、单步特性消除了随机取数时出现重大误差的可能，它的反射、自补特性使得求反非常方便。格雷码属于可靠性编码，是一种错误最小化的编码方式，各种格雷码的码表见表1-4。

表1-4 格雷码码表

十进制数	4位自然格雷码	4位典型格雷码	十进制余三格雷码	十进制空六格雷码	十进制跳六格雷码	步进码
1	0000	0000	0010	0000	0000	00000
2	0001	0001	0110	0001	0001	00001
3	0010	0011	0111	0011	0011	00011
4	0011	0010	0101	0010	0010	00111
5	0100	0110	0100	0110	0110	01111
6	0101	0111	1100	1110	0111	11111
7	0110	0101	1101	1010	0101	11110
8	0111	0100	1111	1011	0100	11100
9	1000	1100	1110	1001	1100	11000
10	1001	1101	1010	1000	1000	10000
11	1010	1111				
12	1011	1110				
13	1100	1010				
14	1101	1011				
15	1110	1001				
16	1111	1000				

表1-4中典型格雷码具有代表性。若不作特别说明，格雷码就是指典型格雷码，它可从自然二进制码转换而来。

格雷码属于可靠性编码，是一种错误最小化的编码方式。因为，虽然自然二进制码可以直接由数/模转换器转换成模拟信号，但在某些情况下，例如从十进制的3转换为4时二进制码的每一位都要变，能使数字电路产生很大的尖峰电流脉冲。而格雷码则没有这一缺点，它在相邻位间转换时，只有一位产生变化。它大大地减少了由一个状态到下一个状态时逻辑的混淆。由于这种编码相邻的两个码组之间只有一位不同，因而在用于方向的转角位移量——数字量的转换中，当方向的转角位移量发生微小变化(而可能引起数字量发生变化时)，格雷码仅改变一位，这样与其他编码同时改变两位或多位的情况相比更为可靠，即可减少出错的可能性。

格雷码是一种绝对编码方式，典型格雷码是一种具有反射特性和循环特性的单步自补码，它的循环、单步特性消除了随机取数时出现重大误差的可能，它的反射、自补特性使得求反非常方便。

由于格雷码是一种变权码，每一位码没有固定的大小，很难直接进行比较大小和算术运算，也不能直接转换成液位信号，要经过一次码变换，变成自然二进制码，再由上位机读取。

典型格雷码是一种采用绝对编码方式的准权码，其权的绝对值为 2^i-1（设最低位 $i=1$）。

格雷码的十进制数奇偶性与其码字中 1 的个数的奇偶性相同。

格雷码的应用有：

1）角度传感器

机械工具、汽车制动系统有时需要传感器产生的数字值来指示机械位置。如图 1-6 所示是编码盘和一些触点的概念图，根据盘转的位置，触点产生一个 3 位二进制编码，共有 8 个这样的编码。盘中暗的区域与对应的逻辑 1 的信号源相连；亮的区域没有连接，触点将其解释为逻辑 0。使用格雷码对编码盘上的亮暗区域编码，使得其连续的码字之间只有一个数位变化。这样就不会因为器件制造的精确度有限，而使得触点转到边界位置而出现错误编码。

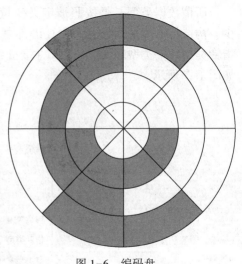

图 1-6　编码盘

2）格雷码

在化简逻辑函数时，可以通过按格雷码排列的卡诺图来完成。

3）九连环问题

智力玩具九连环的状态变化符合格雷码的编码规律，汉诺塔的解法也与格雷码有关。九连环中的每个环都有上下两种状态，如果把这两种状态用 0/1 来表示的话，这个状态序列就会形成一种循环二进制编码（格雷码）的序列。所以解决九连环问题所需要的状态变化数就是格雷码 111111111 所对应的十进制数 341。

1.2.3　单片机中的基本术语

(1) 数据类型

C 语言提供了丰富的数据类型，通过各种不同类型的数据常量和变量，用户可以灵活地处理各种问题。C语言的标识符界定了用户可以使用及定义的字符集的范围，用户无论是使用系统给定的关键字，还是自定义标识符，都必须遵守标识符的使用规范。

C语言也为用户提供了丰富的运算符，用户可以进行数学运算、关系运算、逻辑运算、位运算等多种复杂运算。灵活地使用运算符才能更好地使用C语言进行编程。

程序运行中处理的主要对象就是数据，解决不同的问题需要处理不同类型的数据，因此C语言中定义了多种不同的数据类型。在C语言中，数据类型可分为基本类型、构造类型、指针类型、空类型四大类。

所谓数据类型，是按照被定义变量的性质、表示形式、占据存储空间的多少、构造特点等来划分的。在C语言中，数据类型可分为基本类型、构造类型、指针类型和空类型四大类。本节主要介绍基本类型及其基本运算。常用数据类型如图1-7所示。

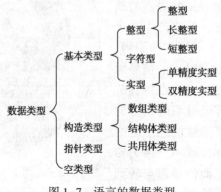

图1-7 语言的数据类型

① 基本类型是C语言系统本身提供的，结构比较简单，其值不可以再分解为其他类型。

② 构造类型是由已定义的一个或多个基本类型构造而成的。也就是说，一个构造类型的值可以分解成若干个"成员"或"元素"，每个"成员"都是一个基本数据类型或又是一个构造类型。在C语言中，构造类型有数组类型、结构体类型、共用体(联合)类型三种。

③ 指针类型是一种重要的数据类型，其值用来表示某个变量在内存储器中的地址，可以表示复杂的数据结构，使用起来非常灵活，但是比较难理解和掌握。

④ 在调用函数值时，通常应向调用者返回一个函数值。这个返回的函数值若具有一定的数据类型，应在函数定义及函数说明中予以说明。但是，也有一类

函数调用后并不需要向调用者返回函数值，这种函数可以定义为"空类型"，其类型说明符为 void。

不同的数据类型在内存中占用不同的存储空间，因此它们的取值范围也不同。如表 1-5 所示，为 C 语言中常用的基本数据类型所对应的字长（存储空间）和取值范围。

表 1-5　常用数据类型

类型标识符	名字	长度（字节）	取值范围
char	字符型	1	$0 \sim 127$
short int	短整型	2	$-32768 \sim 32767$
int	整型	2	$-32768 \sim 32767$
unsigned int	无符号整型	2	$0 \sim 65535$
long int	长整型	4	$-2147483648 \sim 2147483647$
float	单精度型	4	$10^{-38} \sim 10^{38}$
double	双精度型	8	$10^{-380} \sim 10^{308}$

注：在 VC++6.0 环境中，int 型的字节长度和 long int 型的字节长度相同，都是 4 个字节。而在 TC2.0 环境中，int 型的字节长度为 2 个字节。

在 C 语言中，把程序运行过程中其值不能被改变的量称为常量。常量也被称为常数。常量可分为不同的类型，常用的有整型常量、实型常量、字符型常量、字符串型常量、符号型，等等。

整型常量和实型常量也称为数值型常量。整型常量是由一个或多个数字组成的，有正负值之分，但不能有小数点。整型常量有如下三种表示方法：

① 十进制整数：例如 257、458、-65、0。

② 八进制整数：在 C 语言中，用 0 开头的数来表示八进制数。例如 027 表示八进制数的 $(27)_8$。

③ 十六进制整数：在 C 语言中，用 0x 开头的数来表示十六进制数，例如 0xD4 表示十六进制数的 $(D4)_{16}$。

在 C 语言中的数值被称为实数或浮点数，实型常量只使用十进制数。有以下两种表示形式：

① 十进制数形式：即数学中采用的实数形式，由正负号、整数部分、小数点、小数部分组成，例如 7.68、-2.54、17.000、.123、123.、0.0。

② 指数形式：即数学中用到的指数形式，由正负号、整数部分、小数点、小数部分和字母 E(e) 后面带正负号的整数组成，例如 2700000 在数学中用指数可以表示为 2.7×10^6，在 C 语言中则表示为 2.7e6，0.00052 用指数形式可以表示

为 5.2×10⁻⁴，在 C 语言中则表示为 5.2E-4。

注意：字母 E(e)之前必须有数字，如 E5、E-7 是不合法的。字母 E(e)之后的指数部分必须是整数，如 7e3.1 是不合法的。字母 E(e)与前后数字之间不得有空格。

字符型常量是由一对单引号括起来的单个字名，例如'A''b'','#'等都是有效的字符型常量。字符型常量的值是该字符集中对应的 ASCII 编码值。注意：字符常量中的'0'～'9'与整型数据是不同的，例如'9'对应的数值是 ASCII 值 57，而数值 9 对应的值是 9。C 语言中还允许用一种特殊形式的字符常量，即以反斜杠字符'\'开头的字符序列。

如 printf()函数中的'\n'，代表一个'回车换行'符。这类字符称为'转义字符'。意思是将反斜杠'\'后面的字符转换成另外的意义。常用的转义字符见表 1-6。

表 1-6 转义字符

转义字符	ASCII	字符	含义
\0	0	NULL	表示字符串结束
\ n	10	NL(LF)	换行，将当前光标移到下一行的开头
\ t	9	HT	水平制表
\ v	11	VT	垂直制表
\ b	8	BS	左退一格
\ r	13	CR	回车，将当前光标移到本行开头
\ f	12	FF	换页
\ '	39		单引号
\ ''	34		双引号
\ \	92		反斜线
\ ddd			1~3 位八进制数所代表的字符
\ xhh			1~2 位十六进制数所代表的字符

字符串型常量是由一对双引号括起来的字符序列，例如"float""double""Im a Chinese"都是字符串型常量。注意："A"和'A'是不同的，"A"是字符串常量，字符'A'本身是 1 个字节，加上系统自动加上的串尾标记'\0'，又占用 1 个字节，所以在内存占用 2 个字节长度。而'A'是字符常量，内存中只有存储字符'A'的 ASCII 码值，所以只占用 1 个字节长度。

C 语言中常用一个特定的符号来代替一个常量或一个较为复杂的字符串，这个符号称为符号常量，它通常由预处理命令#define 来定义。符号常量一般用大写字母表示，以便与其他标识符相区别。预处理命令#define 又称为宏定义命令，一个#define 命令只能定义一个符号常量。因为它不是语句，所以结尾不用加分号。变量是指在程序运行过程中其值可以被改变的量。变量可以分为整型变量、实型变量、字符型变量、指针型变量等。变量是 C 语言中重要的概念，学会正确定义变量是学好 C 语言的关键。

程序中每一个用到的变量都应该有一个名字作为标识，称为"用户标识符"。变量名的命名规则应遵循标识符命名的规则。标识符由字母、数字或下划线组成，由字母或下划线开头，例如 x、y、a、b、x1、sum1、sum_t1 都是合法的变量名。

在 C 语言中规定，变量必须先定义后使用。所谓的定义变量，实际上就是为其在内存中开辟一定数量的存储单元。而给变量赋值，则是将这个数值存储到该变量所代表的内存空间中。

定义不同类型的变量，在内存中占用不同的字节。例如，char 型变量分配 1 个字节，int 型变量分配 2 个字节，float 型变量分配 4 个字节。

对变量的定义通常放在函数的开头部分，变量只有从开始定义的位置才开始有实际意义。

变量定义格式为：

<数据类型>　<变量名表>；

例如：

int x;　　　／∗定义变量 x 为 int 型，系统给 x 分配 2 个字节的内存空间 ∗／

x=1;　　　／∗为变量 x 赋初值为 1，即把 1 存储到 x 所分配的内存空间中 ∗／

int x=1;　　／∗定义变量 x 的同时，给 x 赋初值 1 ∗／

float a，b；／∗定义变量 a，b 为 float 型，系统给 a，b 各分配 4 个字节的内存空间，a，b 之间用","分开 ∗／

a=0.04；b=−4.56；

注意：C 语言的每个语句都以"；"号结束，因此句后的分号不能省略；同时定义两个以上变量时，中间以逗号分开。

整型变量用来存放整型数据，即数学中的整数。整型变量有以下几种类型：

① 整型：用 int 表示（2 个字节）。

② 短整型：用 short int 或 short 表示（2 字节）。

③ 长整型：用 long int 或 long 表示（4 字节）。

④ 无符号整型：分为以下类型：

a. 有储正数 1 无符号整型：用 unsigned int 或 unsigned 表示（2 字节）。

b. 无符号短整型：用 unsigned short int 或 unsigned short 表示（2 字节）。

c. 无符号长整型：用 unsigned long int 或 unsigned long 表示（4 字节）。

无符号整型变量存储的是正整数，不能存放负数，因此存储单元中的全部二进制位都用来存放数据本身。而有符号整型则将首位用来存放负号。

短整型变量数值的表示范围是 $-32768 \sim 32767$，无符号短整型数值的表示范围为 $0 \sim 65535$，可以看出它们的取值范围是不同的。

实型变量又称为浮点型变量。按能够表示数点后的精度，实型变量可分为三类：

① 单精度型：用 float 表示，在内存中占用 4 个字节，有效数字 $6 \sim 7$ 位。

② 双精度型：用 double 表示，在内存中占用 8 个字节，有效数字 $15 \sim 16$ 位。

③ 长双精度型：用 long double 表示，在内存中占用 16 个字节，有效数字 $18 \sim 19$ 位。

单精度浮点型变量和双精度浮点型变量之间的差异体现在所能表示的数的精度上。一般单精度型数据占 4 个字节，有效位为 7 位，数值范围为 $10^{-38} \sim 10^{38}$；双精度型数据占 8 个字节，有效位为 $15 \sim 16$ 位，数值范围为 $10^{-308} \sim 10^{308}$。

一个字符型变量用来存放一个字符，在内存中占一个字节。将一个字符型常数赋值给一个字符型变量，并不是把该字符本身放到内存单元中去，而是将该字符对应的 ASCII 值（整数）存放到内存单元中。因此，字符型数据也可以像整型数据那样使用，用来表示一些特定范围内的整数并且进行计算。

C 语言提供了一个关键字 const 用来定义不可变变量，称为限定符或修饰符。例如：

const float PI = 3. 14;

const int a = 7;

const 可以在类型名前，也可以在类型名后，如果不写类型名，则默认为 int 型。因为定义的是不可变变量，在定义的时候必须赋初值。它们和正常变量一样，占有固定的内存空间，但内存空间的值是不可以改变的。它们和 #define 定义的常量不同，#define 常量不占用内存空间，没有类型问题，它只是起到一个简单的文本替换作用，仅在编译时进行文本替换。用 const 定义的变量严谨、明确，不会引起不必要的混乱，但是需要占用内存空间。

字符集是构成 C 语言的基本元素。用 C 语言编写程序时所用的语句都是由字符集中的字符构成的。C 语言的标识符都选自于 C 语言的字符集。

C 语言中的标识符是用来标识变量名、常量名、函数名、数组名、类型名等程序对象的有效字符序列。C 语言对标识符有如下规定：

① 标识符只能由英文字母（A~Z，a~z）、数字（0~9）和下划线三种字符组

成，且第一个字符必须为字母或下划线。例如：a、x、x1、abc、memu1、1ist abc、al2 等，都是合法的标识符，而 2a、3xy、a/b、x+y、a. b 等，则是不合法的标识符。

② 大小写字符代表不同的标识符。例如：abc 与 ABC 是两个不同的标识符。一般变量名常用小写，符号常量名用大写。

③ 不能使用 C 语言的关键字作为标识符。

④ 对于标识符的长度，ANSI C(美国国家标准协会 ANSI 对 C 语言发布的标准)没有限制。但是，各个编译系统都有自己的规定和限制，TurboC2. 0 限制为 8 个字符，超出的部分将被系统忽略。Visual C++6. 0 基本没有限制，但是若标识符太长会影响输入速度。

C 语言规定的一些具有特定含义的，专门用来说明 C 语言的特定成分的标识符称为关键字。C 语言的关键字都是用小写字母来表示的。由于关键字具有特定的含义和用途，所以不能随便用于其他场合。否则，就会产生编译错误。以下列出常用的 C 语言的关键字：

auto	break	case	char	const	continue	default	do
double	else	enum	exte	float	for	goto	if
int	long	register	return	short	signed	sizeof	static
struct	switch	typedef	unsigned	union	void	volatile	while

C 语言中还有一些预定义标识符也具有特殊的含义，尽量不要另作他用。比如编译预处理命令 define 等，或是库函数的名字 printf 等。从 C 语言的语法上看，这些标识符可以另作他用，但是这将使这类标识符失去系统规定的原意，因此，为了避免误解，建议用户不要将其另作他用，以免带来不必要的麻烦。

由用户根据需要自行定义的标识符称为用户标识符，一般用来给变量、常量、数组、函数或文件等命名。

用户标识符要遵循标识符的命名规则，尽量做到"见名知义"，选取具有正确含义的英文单词，增加程序的可读性。

用户标识符不能与关键字相同，如果相同，程序在编译时会给出出错信息。用户标识符也尽量不要与预定义标识符相同，如果相同，程序不会报错，但是会使预定义标识符失去原定含义，也可能使程序出现错误的结果。

计算机中所有的信息都用二进制代码表示。二进制编码的方式较多，应用最广泛的是 ASCII 码。我们使用的字符，在计算机中就是以 ASCII 码方式存储的。

ASCI 码分为标准 ASCII 码和扩展 ASCII 码。标准 ASCII 码在内存中占用一个字节，字节中的低 7 位用于编码，因此，可以表示 128 个符号。其控制符的编码值为 0~31，基本字符 0~9、A~Z、a~z 等编码值为 32~127(控制符用于计算机向外部设备输出一些特殊的命令，如控制打印机换行、换页等）。扩展 ASCII 码也称 8 位码，定义了 128~255 这 128 个数字所代表的字符。

（2）运算符

C 语言的运算符非常丰富，本节主要介绍算术运算符、关系运算符、逻辑运算符等。C 语言的表达式是常量、变量、函数调用等用运算符连接起来的式子。凡是表达式都有一个值即表达式的结果。

不同的运算符可以产生不同的表达式，这些表达式可以完成多种复杂的计算操作。运算符根据参与运算操作数的个数可分为：单目运算符、双目运算符、三目运算符。例如，-5 中的负号，该运算符称为单目运算符；加、减、乘、除等运算符，称为双目运算符；条件运算符(？:)称为三目运算符。

由于 C 语言的运算符非常多，因此使用时变化也非常复杂，所以，在 C 语言中规定了运算符的优先级和结合性。

当一个表达式中有多个运算符参加运算时，将按不同的先后次序进行运算。这种计算的先后次序称为运算符的优先级。

运算符的结合性，是指当一个操作数两侧的运算符具有相同优先级时，该操作数是先与左边还是先与右边的运算符相结合进行运算。从左向右的结合方向称为左结合性，从右向左的结合方向称为右结合性。

结合性是 C 语言的独有概念。除单目运算符、赋值运算符和条件运算符是右结合性外，其他运算符都是左结合性。运算符的优先级与结合性见表 1-7。

表 1-7 运算符的优先级和结合性

优先级	运算符	含义	运算对象个数	结合方向
（高）1	( ) [ ] ->	括号 下标运算符 指向结构体成员运算符 结构体成员运算符		自左向右
2	! ~ ++ -- - (类型) * & sizeof	逻辑非运算符 按位取反运算符 自增运算符 自减运算符 符号运算符 类型转换运算符 指针运算符 取地址运算符 取长度运算符	单目运算符	自右向左

续表

优先级	运算符	含义	运算对象个数	结合方向
3	* / %	乘法运算符 除法运算符 求余运算符	双目运算符	自左向右
4	+ −	加法运算符 减法运算符	双目运算符	自左向右
5	《 》	左移运算符 右移运算符	双目运算符	自左向右
6	<, <=, >, >=	关系运算符	双目运算符	自左向右
7	== !=	等于运算符 不等于运算符	双目运算符	自左向右
8	&	按位与运算符	双目运算符	自左向右
9	^	按位异或运算符	双目运算符	自左向右
10	|	按位或运算符	双目运算符	自左向右
11	&&	逻辑与运算符	双目运算符	自左向右
12	||	逻辑或运算符	双目运算符	自左向右
13	?:	条件运算符	三目运算符	自左向右
14	=, +=, −= *=, /=,%= <=, >= &=, ^=, |=	赋值运算符	双目运算符	自左向右
15(低)	,	逗号运算符		自左向右

1）基本算术运算符

基本的算术运算符有 5 个，全部是双目运算符，分别是：

① +：加法运算符，如 13+6、15+x。

② −：减法运算符，如 a−b、36−7。

③ *：乘法运算符，如 a*b、6*12。

④ /：除法运算符，如 a/b、x/7。

⑤ %：取余运算符（又称模运算），如 a%b、6%2。

+、-、*、/运算量可以是整数，也可以是实数。两个整数进行除法运算时，结果为整数，舍去小数部分，如 9/6，结果为 1。当参加运算的两个数中有一个为 float 型时，运算结果为 double 型，因为 C 语言对所有实数是按 double 型进行计算的，如 60.0/100＝0.6。

取余(%)运算只能用于两个整型常量或整型变量，其运算结果为两整数整除后所得的余数。

当两个整数相除，除数或被除数有一个为负时，商为负；进行求余运算时，商的符号与被除数相同，如-5%3＝-2、5%-3＝2。

2）负号运算符

"-"也可用作单目运算符，称为负号运算符，如-5、-3.7。

3）自增(++)与自减(--)运算符

自增(++)与自减(--)运算符是 C 语言中两个最有特色的单目运算符。自增或自减运算的作用是使变量的值增 1 或减 1，所以也称为增 1 或减 1 运算。如 i++相当于 i=i+1，i--相当于 i=i-1。

自增运算符(++)与自减运算符(--)只能用于变量，不能用于常量或表达式。如 4++，(x+y)++都是不合法的。

++、--是单目运算符，结合方向是自右向左，其优先级和负号运算符(-)一样。例如：-a++、--和++是同一优先级，正常情况下，同一级别的运算符，运算时应从左向右运算，但是由于单目运算符的结合方向是自右向左，因此++先和运算量计算，所以上式应该等同于-(a++)。

++、--既可作为前置运算符，也可作为后置运算符，如 i++、i--、--i、++i 都是合法的表达式。无论作为前置运算符还是后置运算符，它们都有相同的作用，都是使变量加 1 或是减 1，但是作为表达式，却有不同的值。

例如：

int i=5；int x；

x=++i；/＊i 的值增 1，为 6，表达式的值为 6，x=6＊/

x=--i：/＊i 的值减 1，为 4，表达式的值为 4，x=4＊/

x=i++；/＊i 的值增 1，为 6，表达式的值为 5，x=5＊/

x=i--；/＊i 的值减 1，为 4，表达式的值为 5，x=5＊/

4）算术表达式

用算术运算符和括号将运算对象如常量、变量和函数等连接起来的式子称为算术表达函数式。例如，a＊b+c、x%2+y/2、4＊sqrt(4c) 等，都是合法的算术表达式，其中 sqrt( )为开平方。

算术表达式书写规则如下：

① 所有字符必须写在同一水平线上。

② 相乘的地方必须写上"＊"符号，不能省略，也不能用"·"代替。

③ 算术表达式中出现的括号一律用小括号，且一定要成对，例如求一元二次方程的根的公式：

$$X = \frac{-b \mp \sqrt{b^2 - 4ac}}{2a}$$

写成 C 语言的表达式如下：

x1＝(－b+sqrt(b＊b－4＊a＊c))/(2＊a)

x2＝(－b－sqrt(b＊b－4＊a＊c))/(2＊a)

5）强制类型转换

算术表达式中，双目运算符两边的操作数类型一致才能进行运算，所得结果的类型也与运算数的类型相同。不同类型的数据在进行混合运算时，必须先转换成同一类型，然后才能进行运算。不同类型的数据转换有两种方式：一种是自动类型转换，也称为隐式转换；另一种是强制类型转换，称为显式转换。

在整型、单精度型、双精度型数据之间进行混合运算时，将不同类型的数据由低向高转换成同一类型，然后进行运算。例如，"int a＝7；float b＝3.5；"那么执行 a+b 时，按照 7.0+3.5 来计算。

所谓赋值运算，是指将一个数据存储到某个变量对应的内存存储单元的过程。赋值运算符有两种类型：基本赋值运算符和复合赋值运算符。

基本赋值运算符。C 语言的赋值运算符是"＝"，它的作用是将赋值运算符右边表达式的值赋给其左边的变量。例如，i＝1、i＝i+5 都是合法的赋值运算。注意：如果""两侧的类型不一致，在赋值时需要进行自动转换。

复合赋值运算符。C 语言允许在赋值运算符之前加上其他运算符，构成其复合运算符。复合运算符多数为双目运算符。在 C 语言中，可以使用的复合赋值运算符有：+＝、－＝、＊＝、%＝、&＝、|＝、!＝、<<＝、>>＝。例如，a+＝1，执行过程为：先对赋值运算符左右两侧进行运算，然后再把结果赋值给左边的变量。即相当于：a＝a+l。

赋值运算符的结合方向是自右向左。C 语言采用复合赋值运算符，是为了使程序简练提高编译效率。

注意：在书写复合赋值运算符时，两个运算符之间不能有空格，否则会出现语法错误。

由赋值运算符组成的表达式称为赋值表达式，例如 x＝1。赋值表达式可以嵌套使用，例如 a＝(b－4)，赋值表达式中的"表达式"，又是一个赋值表达式。由于赋值运算符的结合方向是自右向左，因此，b－4 的括号可以不要，即 a＝b－4，都是先求 b-4，然后再赋值给 a。

在一个赋值表达式后面加上分号，就可以构成赋值语句，例如，a＝1（赋值表达式）。

a＝l；（赋值语句）

i++（赋值表达式）

it+；（赋值语句）

6）逗号运算符与逗号表达式

逗号运算符为"，"，逗号表达式是用逗号运算符把两个表达式组合成的一个表达式。

格式：

<表达式 1>，<表达式 2>

说明：

① 逗号表达式的执行过程是：先求"表达式 1"的值，再求"表达式 2"的值，"表达式 2"的值就是整个逗号表达式的值。例如：

a＝8，a+10；

先对 a＝8 进行赋值，然后计算 a+10，因此上述表达式执行完后，a 的值为 8，而整个表达式的值为 18。

② 一个逗号表达式可以与另一个表达式构成一个新的逗号表达式。例如：

（a＝3＊7，a＊57），a+57；

构成一个逗号表达式，先计算 a＝3＊7 的值，a＝21，然后计算 a＊57 的值为 1197，所以（a＝3＊7，a＊57）的值为 1197。再计算第二个逗号表达式 a+57，此时 a 的值是 21，所以 a+57＝78，那么逗号表达式"（a＝3＊7，a＊57），a+57"的值为 78。

③ 逗号运算符是所有运算符中级别最低的。

（3）寄存器术语

PC＝ progammer counter //程序计数器

ACC＝accumulate //累加器

PSW＝progammer status word //程序状态字寄存器

SP＝ stack point //堆栈指针

DPTR＝data point register //数据指针寄存器

IP＝interrupt priority //中断优先级

IE＝interrupt enable // 中断使能

TMOD＝timer mode //定时器方式(定时器/计数器，控制寄存器)

ALE＝alter //变更，可能是

PSEN=progammer saving enable //程序存储器使能(选择外部程序存储器的意思)

EA=enable all //(允许所有中断)完整应该是 enable all interrupt

PROG=progamme //程序

SFR=special funtion register //特殊功能寄存器

TCON=timer control //定时器控制

PCON=power control //电源控制

MSB=most significant bit//最高有效位

LSB=last significant bit//最低有效位

CY=carry //进位(标志)

AC=assistant carry //辅助进位

OV=overflow //溢出

ORG=originally //起始来源

DB=define byte //字节定义

EQU=equal //等于

DW=define word //字定义

E=enable //使能

OE=output enable //输出使能

RD=read //读

WR=write //写

中断部分：

INT0=interrupt 0 //中断 0

INT1=interrupt 1//中断 1

T0=timer 0 //定时器 0

T1=timer 1 //定时器 1

TF1=timer1 flag //定时器 1 标志

IE1=interrupt exterior //外部中断请求

IT1=interrupt touch //外部中断触发方式

ES=enable serial //串行使能

ET=enable timer //定时器使能

EX=enable exterior //外部使能(中断)

PX=priority exterior //外部中断优先级

PT=priority timer //定时器优先级

PS=priority serial //串口优先级

1.3 Proteus 预备知识

1.3.1 Proteus 应用简介

Proteus 软件是英国 Labcenter electronics 公司出版的 EDA 工具软件，可完成从原理图布图、PCB 设计、代码调试到单片机与外围电路的协同仿真，真正实现了从概念到产品的完整设计，是目前世界上唯一将电路仿真软件、PCB 设计软件和虚拟模型仿真软件三合一的设计平台，其处理器模型支持 8051、HC11、PIC、AVR、ARM、8086 和 MSP430 等，2010 年又增加了 Cortex 和 DSP 系列处理器，并持续增加了其他系列处理器模型。

Proteus 软件提供了三十多个元器件库、数千种元器件，涉及电阻、电容、二极管、三级管、MOS 管、变压器、继电器、各种放大器、各种激励源、各种微控制器、各种门电路和各种终端等。在 Proteus 软件包中提供的仪表有交直流电压表、交直流电流表、逻辑分析仪、定时/计时器和信号发生器等。而且 Proteus 还提供了一个图形显示功能，可以将线路上变化的信号，以图形方式实时显示出来，其作用与示波器相似。Proteus 提供了丰富的测试信号用于电路测试，这些测试信号包括模拟信号和数字信号。Proteus 软件主要具有以下特点：

① 具有强大的原理图绘制功能；

② 实现了单片机仿真和 SPICE 电路仿真相结合。具有模拟电路仿真、数字电路仿真、单片机及其外围电路的系统仿真、RS232 动态仿真、I2C 调试器、SPI 调试器、键盘和 LCD 系统仿真的功能；有各种虚拟仪器，如示波器、逻辑分析仪、信号发生器等。

③ 支持主流单片机系统的仿真。目前支持的单片机类型有：68000 系列、8051 系列、AVR 系列、PIC12 系列、PIC16 系列、PIC18 系列、Z80 系列、HC11 系列以及各种外围芯片。

④ 提供软件调试功能。具有全速、单步、设置断点等调试功能，同时可以观察各变量以及寄存器等的当前状态，并支持第三方编译和调试环境，如 wave6000、Keil 等软件。

Proteus 主要由两个设计平台组成：

① ISIS(Intelligent Schematic Input System)：原理图设计与仿真平台，它用于电路原理图的设计以及交互式仿真；

② ARES(Advanced Routing and Editing Software)：高级布线和编辑软件平台，它用于印刷电路板的设计，并产生光绘输出文件。

Proteus 仿真基本步骤：

1）新建设计文件

运行 ISIS，它会自动打开一个空白文件，或者选择工具栏中的新建文件按钮，也可以执行菜单命令："File"→"New Design"，单击"OK"按钮，创建一个空白文件。不管用哪种方式新建的设计文件，其默认文件名都是 UNTITLED. DSN，其图纸样式都是基于系统的默认设置，如果对图纸样式有特殊要求，用户可以从 System 菜单进行相应的设置。单击"保存"按钮，弹出"Save ISIS Design File"对话框，选择好设计文件的保存地址后，在文件名框中输入设计文件名，再单击"保存"按钮，则完成新建设计文件操作，其扩展名自动为 . DSN。

2）选取元器件并添加到对象选择器中

选择主模式工具栏中的 按钮，并选择对象选择器中的 P 按钮，或者直接单击编辑工具栏中的 按钮，也可以使用快捷键 P（ISIS 系统默认的快捷键，表示 Pick），会出现如图 1-8 所示的选择元器件对话框。

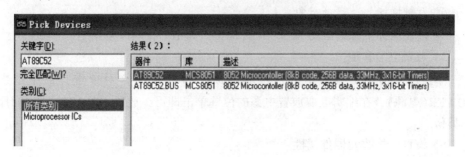

图 1-8　选择元器件对话框

以选择 AT89C52 为例，在选择元器件对话框左上"Keywords"（关键字）一栏中输入元器件名称"AT89C52"，则会出现与关键字匹配的元器件列表，选中并双击 AT89C52 所在行或单击 AT89C52 所在行后，再单击"OK"按钮，便将器件 AT89C52 加入到 ISIS 对象选择器中。按此操作方法可以完成其他元器件的选取，将设计中所用的元器件都加入到 ISIS 对象选择器中，如图 1-9 所示。

图 1-9　加入到 ISIS 对象选择器中的元器件

3）图纸栅格设置

在 ISIS 编辑区内有点状的栅格，可以通过 View 菜单的 Grid 命令在打开和关闭间切换。点与点之间的间距由当前的捕捉设置决定，捕捉的尺度也是移动元器件的步长单位，可根据需要改变这一单位。单击菜单 View 后，在其下拉菜单中单击所需要的捕捉栅格单位即可。

4）元器件放置与布局

单击 ISIS 对象选择器中的元器件名，蓝色条出现在该元器件名上。把鼠标移动到编辑区某位置后，单击就可放置元器件于该位置，每单击一次，就放置一个元器件。在 ISIS 中，鼠标操作与传统的发生不同，右键选取、左键编辑或移动：

① 右键单击——选中对象，此时对象呈红色；再次右击已选中的对象，即可删除对象。

② 右键拖拽——框选一个块的对象。

③ 左键单击——放置对象或对选中的对象编辑属性。

④ 左键拖拽——移动对象。

⑤ 按住鼠标中心键滚动——以鼠标停留点为中心，缩放电路。

5）放置电源和地

单击模式选择工具栏中的连接端子按钮 ⚏，在 ISIS 对象选择器中单击POWER(电源)，在编辑区要放置电源的位置单击即可，放置 GROUND(地)的操作类似。

6）设置、修改元器件属性

Proteus 库中的元器件都有相应的属性，可右击放置在 ISIS 编辑区中的元器件(显示高亮度)后，在弹出的对话框中选择"Edit Properties"，打开编辑元器件属性窗口。或直接左键双击目标元器件，打开编辑元器件属性窗口，在属性窗口中设置、修改其属性，包括名称、参数值等。

7）电路图连线

ISIS 编辑环境没有提供专门的连线工具，省去了用户选择连线模式的麻烦。

Proteus 具有实时捕捉功能，即当鼠标指针指向管脚末端或者导线时，鼠标指针将会被捕捉到自动出现一个绿色笔，表示从此点可以单击画线。该功能可以方便实现导线和管脚的连接。

① 自动连线：直接单击两个元器件的连接点，ISIS 即可自动定出走线路径并完成两连接点的连线操作。

② 手工调整线形：如果想自己决定走线路径，只需单击第一个元器件的连接点，然后在希望放置拐点的地方单击，最后单击另一个元器件的连接点即可，放置拐点的地方会呈"×"样式。

③ 移动连线：左键单击选中连线，鼠标指针即变为双箭头，表示可沿垂直于该线的方向移动，此时拖动鼠标，选中的画线会跟随移动。

④ 改变连线形状：只要按住拐点或斜线上任意一点，鼠标指针即变为四向箭头，表示可以任意角度拖动连线。

⑤ 取消画线：在画线的过程中若要取消画线，直接右键单击或按键盘上的"Esc"键。

⑥ 删除连线：若要删除某段连线，可以右键单击选中该连线，在弹出的菜单中选择"Delete Wire"或者直接右键双击。

8）总线应用

为了简化电路原理图，我们可以用一条导线代表数条并行的导线，这就是所谓的总线。当电路中多根数据线、地址线、控制线并行时，使用总线较为方便。

① 画总线：点击左边主模式工具栏中的总线按钮 ，即可在 Proteus ISIS 编辑窗口中画总线。初次使用者，会感觉在编辑窗口中画不上，记住一定要先在要画线的地方点击一下，然后总线便随着鼠标的移动开始画出，需要拐弯时，在拐角处点击一下，想要结束画总线时要先点击一下表示总线结束点，然后再点击即可画完总线。

② 总线标注：当总线画完后，要给总线标注，总线的标注名可以与单片机的总线名相同，也可不同。总线标注时可以点击左边主模式工具栏中的总线放置标号按钮，鼠标移动到所画的总线上变成"×"状后单击，或右键单击总线，在弹出的对话框中选择"Place Wire Lable"即可进行标注。

③ 画总线分支线：总线分支线是用来连接总线和元器件管脚的，与画一般的导线方法相同。画总线分支线的简便方法是采用 Proteus 提供的重复布线（Wire Repeat）技术。假设要把单片机的 P2 口和总线相连，先画 P2.0 口与总线相连的分支线，再画 P2 口的其他分支线时，只需在引脚处双击，此时重复布线功能被激活，自动在引脚和总线之间完成连线。重复布线完全复制了上一根线的路径，如果上一根线已经是自动重复布线的将仍旧自动复制该路径。如果上一根线是手工布线的，那么将精确复制于新的线。

④ 分支线标注：右键点击分支线选中它，在弹出的对话框中选择"Place Wire Lable"即可进行标注。

9）连接端子应用

在电路设计时，有时需要从某一端口接多条连线，直接连线会显得很乱，这时可以采用添加连接端子的方式。

添加连接端子的操作是：点击左侧小型配件按钮中的连接端子按钮，在选择元器件对话框中出现不同端子可供选择。单击需要的连接端子，在对象预览器会有连接端子的预览，在 Proteus ISIS 编辑窗口中单击即可放置连接端子，选中放置的连接端子单击后，弹出编辑连接端子标号"Edit Terminal Label"对话框，输入相应的标号即可。

1.3.2　Proteus 元器件库说明

表 1-8 列出了 Proteus 中常用的元器件对应名称。

表 1-8　Proteus 中的常用元器件

元器件名	中文注释	元器件名	中文注释
80C51	8051 单片机	RELAY	继电器
AT89C52	Atmel 8052 单片机	ALTERNATOR	交互式交流电压源
CRYSTAL	晶体振荡器	POT-LIN	交互式电位计
CERAMIC22P	陶瓷电容	CAP-VAR	可变电容
CAP	电容	CELL	单电池
CAP-ELEC	通用电解电容	BATTERY	电池组
RES	电阻	AREIAL	天线
RX8	8 电阻排	PIN	单脚终端接插针
RESPACK-8	带公共端的 8 电阻排	LAMP	动态灯泡模型
MINRES5K6	5K6 电阻	TRAFFIC	动态交通灯模型
74LS00	四 2 输入与非门	SOUNDER	压电发声模型
74LS164	8 位并出串行移位寄存器	SPEAKER	喇叭模型
74LS244	8 同相三态输出缓冲器	7805	5V，1A 稳压器
74LS245	8 同相三态输出收发器	78L05	5V，100 mA 稳压器
NOR	二输入或非门	LED-GREEN	绿色发光二极管
OR	二输入或门	LED-RED	红色发光二极管
XOR	二输入异或门	LED-YELLOW	黄色发光二极管
NAND	二输入与非门	MAX7219	串行 8B LED 显示驱动器
AND	二输入与门	7SEG-BCD	七段 BCD 数码管
NOT	数字反相器	7SEG-DIGITAL	七段数码管
COMS	COMS 系列	7SEG-COM-CAT-GRN	七段共阴极绿色数码管
4001	双 2 输入或非门	7SEG-COM-AN-GRN	七段共阳极绿色数码管
4052	双 4 通道模拟开关	7SEG-MPX6-CA	6 位七段共阳极红色数码管
4511	BCD-7 段锁存/解码/驱动器	7SEG-MPX6-CC	6 位七段共阴极红色数码管

续表

元器件名	中文注释	元器件名	中文注释
DIODE-TUN	通用沟道二极管	MATRIX-5 X7-RED	5×7 点阵红色 LED 显示器
UF4001	二极管急速整流器	MATRIX-8 X8-BLUE	8×7 点阵蓝色 LED 显示器
1N4148	小信号开关二极管	AMPIRE128X64	128×64 图形 LCD
SCR	通用晶闸管整流器	LM016L	16×2 字符 LCD
TRIAC	通用三端双向晶闸管开关	555	定时器/振荡器
MOTOR	简单直流电动机	NPN	通用 NPN 型双极性晶体管
MOTOR-STEPPER	动态单极性步进电动机	PNP	通用 PNP 型双极性晶体管
MOTOR-SERVO	伺服电动机	PMOSFET	通用 P 型金属氧化物场效应管
COMPIN	COM 口物理接口模型	2764	8KB×8EP ROM 存储器
CONN-D9M	9 针 D 型连接器	6264	8KB×8 静态 RAM 存储器
CONN-D9F	9 孔 D 型连接器	24C04	4 KB I^2C EEP ROM 存储器
BUTTON	按钮	ADC0808	8 位 8 通道 ADC
SWITCH	带锁存开关	DAC0832	8 位 DAC
SW-SPST-MOM	非锁存开关	DS1302	日历时钟

1.3.3 原理图绘制

(1) 集成环境 ISIS

Proteus 软件包提供一种界面友好的人机交互式集成环境 ISIS，其设计功能强大，使用方便。ISIS 在 Windows 环境下运行，启动后弹出如图 1-10 所示的界面，ISIS 环境界面由下拉菜单、预览窗口、原理图编辑窗口、快捷工具栏、元器件列表窗口、元器件方向选择、仿真按钮等组成。

1）下拉菜单

下拉菜单提供如下功能选项：

File 菜单：包括常用的文件功能，如创建一个新设计、打开已有设计、保存设计、导入/导出文件、打印设计文档等。

View 菜单：包括是否显示网格、设置网格间距、缩放原理图、显示与隐藏各种工具栏等命令。

Edit 菜单：包括撤销/恢复操作、查找与编辑、剪切、复制、粘贴元器件、设置多个对象的层叠关系等命令。

Tools 菜单：包括实时标注、实时捕捉、自动布线等命令。

Design 菜单：包括编辑设计属性、编辑图纸属性、进行设计注释等命令。

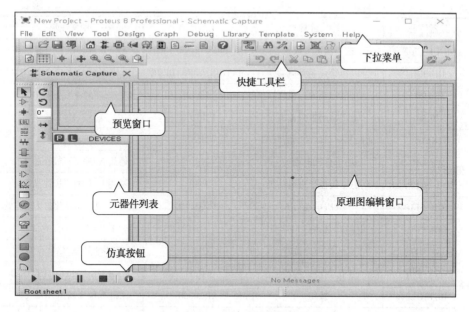

图 1-10　ISIS 仿真界面

Graph 菜单：包括编辑图形、添加 Trace、仿真图形、一致性分析等命令。

Source 菜单：包括添加/删除源程序文件、定义代码生成工具、调用外部文本编辑器等命令。

Debug 菜单：包括启动调试、进行仿真、单步执行、重新排布弹出窗口等命令。

Library 菜单：包括添加、创建元器件/图标、调用库管理器等命令。

Template 菜单：包括设置图形格式、文本格式、设计颜色、节点形状等命令。

System 菜单：包括设置环境变量、工作路径、图纸尺寸大小、字体、快捷键等命令。

Help 菜单：包括版权信息、帮助文件、例程等。

2）预览窗口

预览窗口可显示两种内容：一种是在元器件列表窗口选中某个元器件时，显示该元器件的预览图；另一种是当光标落在原理图编辑窗口时（即放置元器件到原理图编辑窗口后或在原理图编辑窗口中单击后），显示整张原理图的缩略图，并会显示一个绿色方框，绿色方框里面就是当前原理图编辑窗口中显示的内容，可用光标改变绿色方框的位置，从而改变原理图的可视范围。

3）原理图编辑窗口

原理图编辑窗口是用来绘制原理图的，在编辑区里面可以放置元器件和进行连线。注意，这个窗口没有滚动条，需要用预览窗口来改变原理图的可视范围，也可以用鼠标滚轮对显示内容进行缩放。

4）快捷工具栏

快捷工具栏分为主工具栏和元器件工具栏。

主工具栏包括文件工具、视图工具、编辑工具、设计工具 4 个部分，每个工具栏提供若干快捷按钮。

"文件工具"按钮如图 1-11 所示，从左往右各按钮功能依次为：新建设计、打开已有设计、保存设计、导入文件、导出文件、打印设计文档、标识输出区域。

"视图工具"按钮如图 1-12 所示，从左往右各按钮功能依次为：刷新、网格开关、原点、选择显示中心、放大、缩小、全图显示、区域缩放。

图 1-11　"文件工具"按钮　　　　　图 1-12　"视图工具"按钮

"编辑工具"按钮如图 1-13 所示，从左往右各按钮功能依次为：撤销、重做、剪切、复制、粘贴、复制选中对象、移动选中对象、旋转选中对象、删除选中对象、从元器件库选元器件、制作元器件、封装工具、释放元器件。

"设计工具"按钮如图 1-14 所示，从左往右各按钮功能依次为：自动布线、查找、属性分配工具、设计浏览器、新建图纸、删除图纸、退到上层图纸、生成元器件列表、生成电气规则检查报告、创建网络表。

图 1-13　"编辑工具"按钮　　　　　图 1-14　"设计工具"按钮

"方式选择"按钮如图 1-15 所示，从左往右各按钮功能依次为：选择即时编辑元器件、选择放置元器件、放置节点、放置网络标号、放置文本、绘制总线、放置子电路图。

"配件模型"按钮如图 1-16 所示，从左往右各按钮功能依次为：端点方式(有 Vcc、地、输出、输入等)、元器件引脚方式(用于绘制各种引脚)、仿真图表、录音机、信号发生器、电压探针、电流探针、虚拟仪表。

"图形绘制"按钮如图 1-17 所示，从左往右各按钮功能依次为：绘制直线、绘制方框、绘制圆、绘制圆弧、绘制多边形、编辑文字、绘制符号、绘制原点。

图 1-15　"方式选择"按钮　　　图 1-16　"配件模型"按钮　　　图 1-17　"图形绘制"按钮

5）元器件方向选择

在元器件列表窗口下方有一个"元器件方向选择"栏，其按钮如图 1-18 所示，从左往右各按钮功能依次为：向右旋转 90 度、向左旋转 90 度、水平翻转、垂直翻转。

6）仿真按钮

在原理图编辑窗口下方是"仿真"按钮，如图 1-19 所示，从左往右各按钮功能依次为：全速运行、单步运行、暂停、停止。

图 1-18　"元器件方向选择"按钮

图 1-19　"仿真"按钮

（2）原理图绘制

原理图是在原理图编辑窗口中绘制完成的，通过 System 下拉菜单中的"Set Sheet Size"选项，可以调整原理图设计页面大小。绘制原理图时，首先应根据需要选取元器件，Proteus ISIS 库中提供大量元器件原理图符号，利用 Proteus ISIS 的搜索功能能很方便地查找需要的元器件。下面以图 1-20 为例说明绘制原理图的方法。

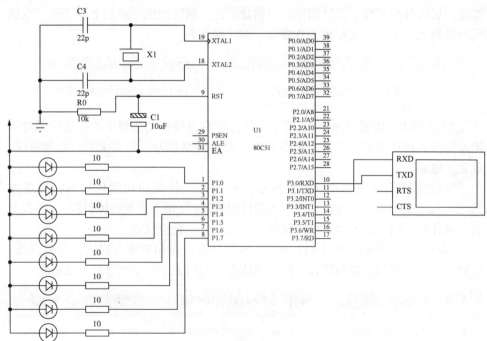

图 1-20　绘制原理图示例

首先根据需要选择器件。单击元器件列表窗口上的按钮"P"，弹出如图1-21所示的元器件选择对话框，在该对话框左上方的"Keywords"栏内输入"8051"，中间的"Results"栏将显示元器件库中所有8051单片机芯片，选择其中的"80C51"，右上方的"80C51 Preview"栏将显示80C51图形符号，同时显示该器件的虚拟仿真模型"VSM DLL Model（MCS8051. DLL）"，单击"OK"按钮后，80C51将出现在元器件列表窗口。按照此方法选择所有需要的元器件，如果选择的元器件显示"No Simulator Model"，说明该元器件没有仿真模型，将不能进行虚拟仿真。

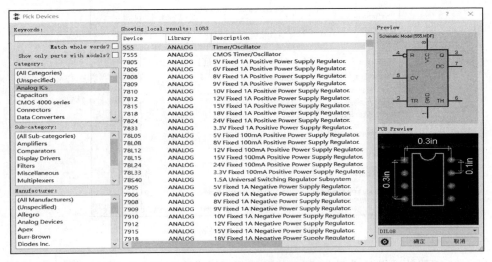

图1-21 元器件选择对话框

如果遇到库中没有的元器件，则需要自己创建。通常有两种方法创建自己的元器件：一种是用Proteus VSM SDK开发仿真模型制作元器件，另一种是在已有的元器件基础上进行改造。关于具体创建方法这里不再介绍，请读者查阅相关资料。

元器件选择完毕后，就可以开始绘制原理图了。先用光标从元器件选择对话框中选中需要的元器件，预览窗口将出现该元器件的图标，再将光标指向编辑窗口并单击左键，将选中的元器件放置到原理图中。

放置电源和地线端时，要从"配件模型"按钮中选取。

在两个元器件之间进行连线的方式很简单，先将光标指向第一个元器件的连接点并单击左键，再将光标移到另一个元器件的连接点并单击左键，这两个点就被连接到一起了。对于相隔较远，直接连线不方便的元器件，可以用标号的方式进行连接。

在编辑窗口中绘制原理图的一般操作为：用左键放置元器件，右键选择元器件，双击右键删除元器件，右键拖选多个元器件，先右键后左键编辑元器件属性，先右键后左键拖动元器件，连线用左键，删除用右键，中键缩放整个原理图。

原理图绘制完成后，给单片机添加应用程序，就可以进行虚拟仿真调试。先单击鼠标右键选中 8051 单片机，再单击左键，弹出如图 1-22 所示的元器件编辑对话框。

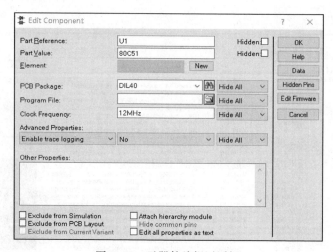

图 1-22　元器件编辑对话框

在元器件编辑对话框中的"Program File"栏单击文件夹浏览按钮，找到需要仿真的 HEX 文件，单击"OK"按钮完成添加文件，在"Clock Frequency"栏中把频率改为 12MHz，单击"OK"按钮退出。这时单击仿真按钮中的全速运行按钮，即可开始进行虚拟仿真。为了直观地看到仿真过程，还可以在原理图中添加一些虚拟仪表，可用的虚拟仪表有：电压表、电流表、虚拟示波器、逻辑分析仪、定时器/计数器、虚拟终端、虚拟信号发生器、序列发生器、FC 调试器、SPI 调试器等。

1.3.4　PCB 板设计

Keil C51 和 Proteus 的结合可以进行单片机系统的软件设计和硬件的仿真调试，可大大缩短单片机系统的开发周期，也可降低开发调试成本。当仿真调试成功后，便可利用 Proteus Professional 中的 ARES Professional 进行 PCB 设计与制作。有很多文献都谈及如何用 Keil C51 + Proteus 进行单片机应用系统的设计与仿真开发，但是，用 Proteus 来制作印制电路板（PCB）却少有提及。本文以一个简单的广告灯设计电路为例(见图 1-23)，介绍如何用 Proteus 制作 PCB。

用 Proteus 制作 PCB 通常包括以下一些步骤：①绘制电路原理图并仿真调试；②加载网络表及元件封装；③规划电路板并设置相关参数；④元件布局及调整；⑤布线并调整；⑥输出及制作 PCB。

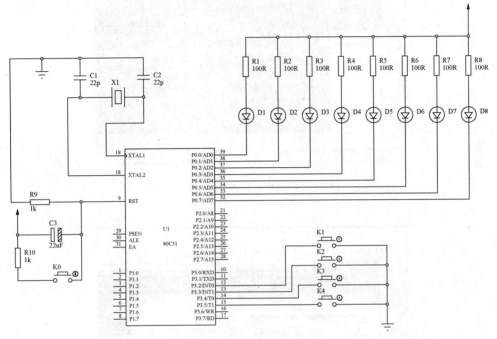

图 1-23　简单广告灯设计电路

(1) 绘制电路原理图并仿真调试

在 Proteus Professional 中用 ISIS Professional 设计好电路原理图，并结合 Keil C51 进行软件编程和硬件的仿真调试，调试成功后，便可开始制作 PCB。在此不再赘述调试过程。

(2) 加载网络表及元件封装

1) 加载网络表

在 ISIS Professional 界面中单击 Design Toolbar 中的 ARES 图标或通过 Tools 菜单的 Netlist to ARES 命令打开 ARES Professional 窗口，如图 1-24 所示。可以看到，在图 1-24 中左下角的元器件选择窗口中列出了从原理图加载过来的所有元器件。若原理图中的某些器件没有自动加载封装或者封装库中没有合适的封装，那么在加载网络表时就会弹出一个要求选择封装的对话框，如图 1-25 所示。这时就需要根据具体的元件及其封装进行手动选择并加载。

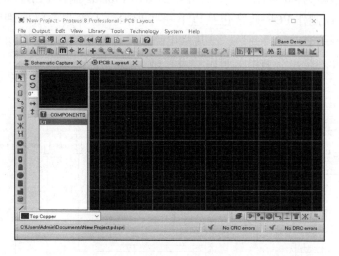

图 1-24　ARES Professional 窗口

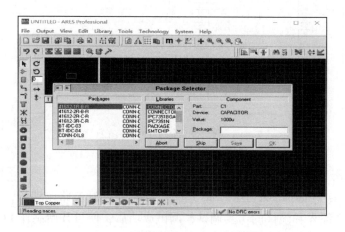

图 1-25　要求选择封装的对话框

2）设计元件封装

对于封装库中没有的封装或者是与实际的元件不符的封装，就需要自己画。这里以示例中的按钮开关为例，设计一个元件的封装。

① 放置焊盘。根据按钮的引脚间距放置 4 个焊盘，并修改焊盘的标号，使之与原理图中的元件引脚标号一致，否则，会弹出没有网络连接的错误提示，或者加载后没有连线。

② 放置外边框。利用 2D 画图工具中的图标 ■，根据按钮的实际大小加一个外边框，如此便完成了按钮封装的设计（见图 1-26）。

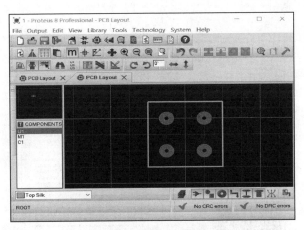

图 1-26 按钮设计封装

③ 保存封装。选中封装，用左键单击 图标，出现保存对话框（见图 1-27），在 New Package Name 中键入要保存的元件封装名称（在此用 KS）；在 Package Category（保存范畴）中选中 Miscellaneous；在 Package Type（封装类型）中选中 Through Hole；在 Package Sub-category（保存子范畴）中选中 Switches；单击"OK"，就把按钮封装保存到了 USERPKG（用户自建封装库）库中。

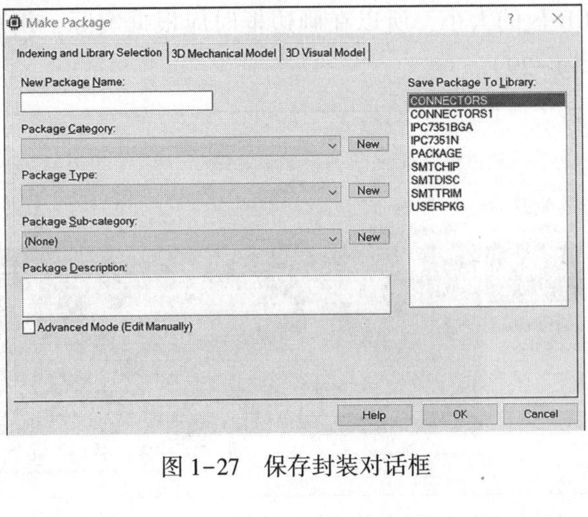

图 1-27 保存封装对话框

④ 加载封装。自建封装保存后，再到库中加载，就可以把自己制作的元件封装加载到 PCB 中了（见图 1-28）。

按照上面的方法把需要的元件封装都画好以后，再从原理图单击 Design Toolbar 中的 图标，重新加载网络表，这样，就把所有的元件都加载到了 PCB 中。

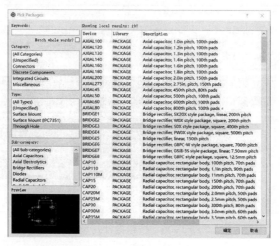

图 1-28　加载封装对话框

（3）规划电路板并设置相关参数

1）规划电路板

在 ARES Professional 窗口中选中 2D 画图工具栏的 ■ 图标，在底部的电路层中选中 Board Edge 层（黄色），即可以单击鼠标左键拖画出 PCB 板的边框了。边框的大小就是 PCB 板的大小，所以在画边框时应根据实际，用测量工具 ✎ 来确定尺寸大小（见图 1-29）。

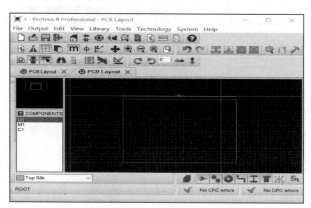

图 1-29　规划电路板方框图

2）设置电路板的相关参数

PCB 板边框画好以后，就要设置电路板的相关参数。单击 System 中的 Set Default Rules 项，在弹出的对话框中设置规则参数，有焊盘间距、线与焊盘间距、线与线间距等一些安全允许值。然后在 Tools 中选中 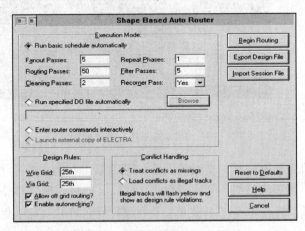 Auto Router...（布线规则）项，在弹出的对话框中单击 Edit Strategies 项，出现一个如图 1-30 所示的对话框。在左上 Strategy 栏中分别选中 POWER 和 SIGNAL，在下面的 Pair1 中选同一层。这样，就完成了在单层板中布线的设置。到此，对一些主要的参数设置就完成了。别的系统参数设置，可以在 System 和 Tools 中去设置完成。

图 1-30　电路板相关参数的设定

（4）元件布局及调整

1）元件布局

电路板的规则设计好以后，就可导入元件并布局。布局有自动布局和手动布局两种方式。若采用自动布局方式，只要在界面的菜单栏中选中　项，弹出对话框，单击"OK"，就自动把元件布局于 PCB 板中了。而如果采用手动布局的方式，则需在左下角的元件选择窗口中选中元件，在 PCB 板边框中适当位置单击左键，就可以把元件放入。

2）元件调整

无论是自动布局还是手动布局，都需要对元件进行调整。主要是对元件的移动和翻转等操作。元件的布局原则：美观、便于布线、PCB 板尽可能小。PCB 的元件布局完成如图 1-31 所示。

（5）布线并调整

同样，PCB 的布线也有自动布线和手动布线两种布线方式。一般是先用自动布线，然后手动修改，也可以直接手工布线。布线规则的设置在上面已经描述，这里主要说明布线时用的导线的粗细设置以及焊盘大小的修改。首先，选中工具菜单栏中的　选项，在左下角的导线选择窗口中选中想要的导线粗细类型，也可以选择 DEFAULT（默认），在弹出的对话框中修改 Width 的值就可以了。在布线

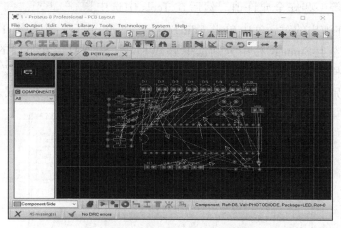

图 1-31 PCB 的元件布局完成图

的过程中，如果需要改变某一根线的大小，可以双击右键，选择 Trace Style 选项中的合适类型；要删除该线，则左键单击 Delete。如果要删除整个布线，那么就选中所有的连线，左键单击工具菜单栏中的 ▓ 图标即可。对于焊盘的修改，可以在布线完成之后进行。先选中工具菜单栏中的 ◉ ▣ ▣ 选项，然后在选择窗口中选中合适的焊盘，在需要改变的元件焊盘处单击鼠标左键即可。布线完成后的 PCB 板如图 1-32 所示。（说明：1000th = 1in = 25.4mm）

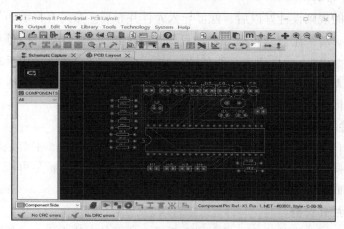

图 1-32 布线完成图

(6) 输出及制作 PCB

最后就是输出打印电路版图了。先单击 Output 选项中的 Set Output Area 选项，按住鼠标左键并拖动，选中要输出的版图，如图 1-33 所示。

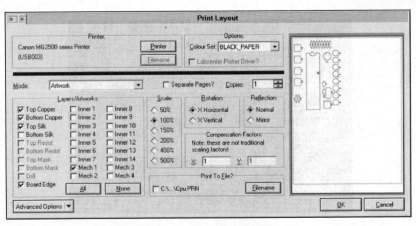

图 1-33 输出打印电路板图

  然后是设置要打印的输出电路层。在 Output 选项中单击 Print/Plot Layout 选项，出现设置对话框，如图 1-34 所示。在设置对话框中，单击选择 Printer，可以选择打印机和设置打印纸张以及板图放置方向。在下面的 Layers/Artworks 栏中选择要打印的层。因为布线是在底层进行的，所以在打印布线层时，在 Bottom Copper 和 Board Edge 选项前打勾，表示选中要打印输出；而在打印元件的布局层（丝印层）时，在 Top Silk 和 Board Edge 选项前打勾（这一层在打印时注意需要选择镜象打印）；Scale 选项是打印输出的图纸比例，选 100%；Rotation 和 Reflection 选项分别是横向/纵向输出和是否要镜像的设置。设置好以后就可以打印了，如图 1-35 和图 1-36 所示的分别为丝印层与布线层的打印效果图。

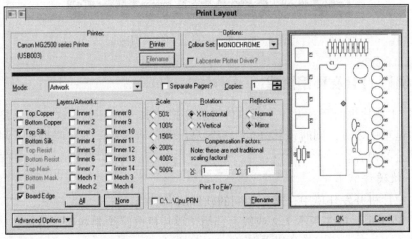

图 1-34 设置要打印的输出电路层

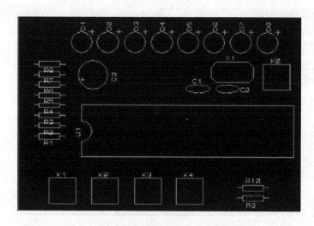

图 1-35 丝印层的打印效果图

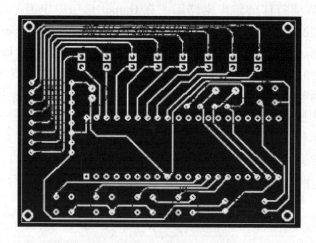

图 1-36 布线层的打印效果图

【例程 1】开发环境搭建

做 51 单片机的开发设计，第一件事就是搭建其开发环境。这一部分是万事之首也是重中之重，同时该部分也比较容易出错，请读者仔细按照步骤，耐心完成该部分的内容。

1. 软硬件需求

在单片机开发环境中，需要用到的软件的有：

① Proteus：推荐版本 7.2 或以上，用于单片机电路绘制和程序仿真。

② Keil C51：用于单片机 C 语言编程和编译。

硬件需求：可以运行上述软件的计算机即可。

软件的安装：安装步骤不在本教程范围之内，可以通过网络自行查找相关教程。

2. 程序的开发和编译

在该小节中，我们在 Keil C51 中创建一个新的 51 单片机开发工程，从此后续的开发就都在该工程中进行。当前我们仅在该工程中添加一个最简单的空程序，然后编译该程序。

① 打开 Keil C51（或者名为 Keil uVision），依次点击"Project"→"New uVision Project…"，然后填入文件名点击确定，即会弹出选择设备的窗口，如图例 1-1 所示。

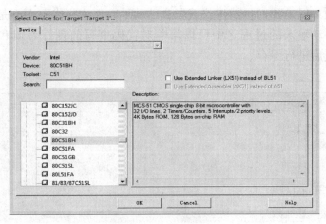

图例 1-1　选择设备

② 在左下角的列表中找到"Intel""80C51BH"，此即我们要对应开发的设备。然后点击"OK"，会弹出一个询问对话框，如图例 1-2 所示。意思是是否将"ST-ARTUP. A51"这个起始文件添加到项目中。此处必须选"是"，否则接下来的编译工作将无法进行。

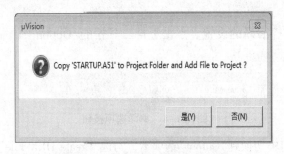

图例 1-2　询问是否添加起始文件

③ 接下来，在左侧项目树的"Source Group 1"上右键点击"Add New Item to Group 'Source Group 1'"，会弹出新建文件的窗口，选择"C File(.c)"，名称填入"main"，然后点击确定。此时左侧项目树的状态如图例 1-3 所示。

图例 1-3　项目树

④ 在中间的文本编辑器部分输入下方的源代码，这些源代码都可以在附送的资源中找到，但是我们仍然建议读者自己动手输入这些代码而不是简单的复制进去，因为手动输入的过程之中可以培养对代码书写的良好习惯和了解格式规范。输入完成后进行保存。

main.c

```
//此文件中定义了单片机的一些特殊功能寄存器
#include "reg52.h"

/***
* 函 数 名: main
* 函数功能: 主函数
* 输     入: 无
* 输     出: 无
***/
void main( ) {
    while(1);
}
```

⑤ 接下来进行编译的设置。点击上部工具栏的"Option for target"按钮，如图例 1-4 所示。

图例 1-4　编译选项按钮

在弹出的窗口中切换到"Output"选项卡，勾选"Create HEX File"，然后点击确认退出。这个设置只需在工程中设置一次，以后就无需再设置了，如图例 1-5 所示。

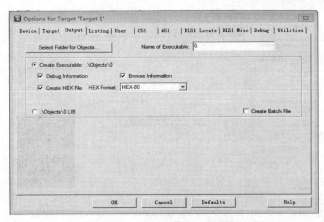

图例 1-5　编译输出设置

⑥ 完成设置后，点击在上部工具栏中找到"Build"按钮，如图例 1-6 所示。

图例 1-6　编译按钮

随后，下方的输出窗口会出现如图例 1-7 所示内容，说明编译成功。我们可以在工程文件所在的文件夹的"Object"子文件夹中找到编译好的 hex 程序。到此，编写和编译程序结束。

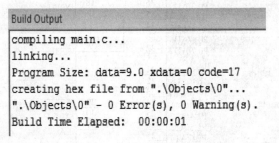

图例 1-7　编译输出

3. 程序仿真与调试

编译好的程序需要在 Proteus 中验证是否功能正常。接下来我们将上一小节中的程序进行仿真。步骤如下。

① 打开 Proteus（名为 ISIS Professional），在工作区单击右键，依次选择"Place""Component""From Libraries"，将会弹出元件库如图例 1-8 所示。

② 在 Keywords 中输入"80C51"，在右边的结果中即可找到需要的 51 单片机。单击将单片机放入工作区。

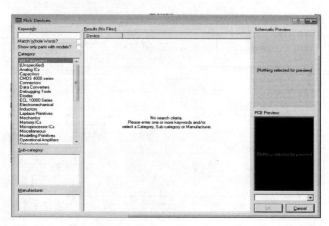

图例 1-8　元件库

③ 在工作区单击右键，依次选择"Place""Terminal""POWER"以放置电源，完成后工作区如图例 1-9 所示。

④ 鼠标靠近电源端口会变成铅笔状，单击开始连线，并连接到单片机的 RST，完成后工作区如图例 1-10 所示。

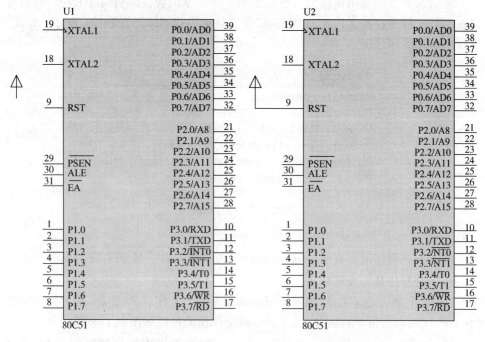

图例 1-9　工作区　　　　　　　　　　　　　图例 1-10　连线

⑤ 双击单片机，会弹出单片机的选项窗口。在窗口中的"Program File"项打开上面生成的 hex 文件，如图例 1-11 所示。

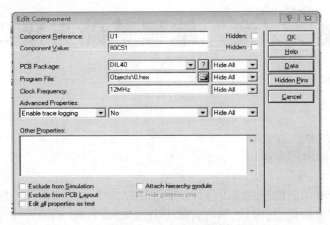

图例 1-11　单片机选项

⑥ 接下来，按左下角的运行(三角形)按钮即可即可开始进行仿真，按钮如图例 1-12 所示。

图例 1-12　仿真按钮

⑦ 图例 1-12 中按双竖线按钮可以暂停，此时在菜单栏中可以点开"Debug"菜单，其中提供了丰富的调试功能，在此就不一一介绍了。

至此，一套完整的 51 单片机开发流程便完成了。接下来根据需求更改代码、编译、仿真、调试，最终实现需要的功能设计。

扫一扫，获取更多资源

扫描二维码
获取配套资料

第2章 编程基础与接口

2.1 C51 语言

汇编语言是面向机器的编程语言，能直接操作单片机的硬件，具有指令效率高、执行速度快的优点。但汇编语言属于低级编程语言，程序可读性差，移植困难，且编程时必须具体组织、分配存储器资源和处理端口数据，因而编程工作量大。C51 是为 51 系列单片机设计的一种 C 语言，是标准 C 语言的子集，具有结构化语言特点和机器级控制能力，代码紧凑，效率可与汇编语言媲美。由于接近真实语言，程序的可读性强，易于调试维护，编程工作量小，产品开发周期短，与汇编指令无关，易于掌握，C51 语言已成为 51 系列单片机程序开发的主流。与标准 C 语言相比，C51 在数据类型、变量存储模式、输入/输出处理、函数等方面有一定差异，而其他语法规则、程序结构及程序设计方法都与标准 C 语言相同。

2.1.1 基本结构

C51 程序的基本单位是函数。一个 C51 源程序至少包含一个主函数，也可以是一个主函数和若干个其他函数。主函数是程序的入口，主函数中的所有语句执行完毕，则程序结束。

下面以一个简单的程序说明 C51 语言的主要结构。

```
1.    #include "reg52. h"
2.    typedef unsigned int u16;
3.    typedef unsigned char u8;
4.    #define led P1^0
5.    #define key P1^1
6.    void lightLED( ) {
7.        led = ~led;
8.    }
9.    void delay( u16 i) {
```

```
10.    while (i--);
11.    }
12.    void main( ){
13.    while(1){
14.         lightLED( );
15.         delay(100);
16.    }
17.    }
```

源程序第一行使用 C 语言中的 include 的关键字来引入 51 单片机特殊的预定义变量。其中包含各个 I/O 端口和特殊功能寄存器等的定义。这一行是必须的。

第 2、第 3 行将 C 语言中较长的两种变量类型定义为较短的变量名称。这不是必须的，但是可以方便后续程序的编写。

第 4、第 5 行使用 define 关键字定义全局变量，将两个位端口定义为我们自己取的变量名。P1 这个变量是在"reg52. h"这个头文件中定义的。

第 6~8 行定义了一个名为 lightLED 的函数，其功能就是将 LED 端口不断取反。

第 9~11 行定义了一个名为 delay 的延时函数，延时函数通过不停地运算来占用单片机的运行时间，达到延时的目的。

12 行以后是主函数，其中嵌套了一个 while 的死循环，意味着单片机会不停地执行其中的内容。死循环中的内容就是不停地调用点亮 LED 灯的函数和延迟函数。整个程序实现的功能就是使得在 P10 口上的 LED 灯不停闪烁。

2.1.2　变量与储存

在程序执行过程中，数值可以发生改变的量称为变量。变量的基本属性是变量名和变量值。一旦在程序中定义了一个变量，C51 编译器就会给这个变量分配相应的存储单元。此后变量名就与存储单元地址相对应，变量值就与存储单元的内容相对应。

要在 C51 程序中使用变量必须先对其进行定义，这样编译系统才能为变量分配相应的存储单元。定义变量的格式如下：

[存储种类] 数据类型 [存储类型] 变量名

这说明变量具有 4 大要素，其中数据类型和变量名是不能省略的部分。以下按照 4 大要素的顺序分别予以介绍。

(1) 存储种类

存储种类是指变量在程序执行过程中的作用范围。变量的存储种类有 4 种：自动(auto)、外部(extern)、静态(static)和寄存器(register)。使用存储种类说明符

auto 定义的变量称为自动变量。自动变量的作用范围在定义它的函数体或复合语句内部。在定义它的函数体或复合语句被执行时，C51 才为该变量分配内存空间。

（2）数据类型

C51 语言由于是 C 语言的子集，所以 C 语言支持的数据类型 C51 都支持，部分常用的类型见表 2-1。

表 2-1　C51 支持的数据类型

数据类型	长度	值域
unsigned char	8	$0 \sim 255$
char	8	$-128 \sim 127$
unsigned int	16	$0 \sim 65535$
int	16	$-32768 \sim 32767$
unsigned long	32	$0 \sim 4294967295$
long	32	$-2147483648 \sim 2147483647$
float	32	$10^{-38} \sim 10^{38}$

同时，C51 还有一些自己特有的数据类型，分别是 bit、sbit、sfr、sfr16 四种，以方便用户更好地利用 51 单片机的内部结构。

（3）变量名

C51 的变量名命名规则与 C 语言相同。同时应该避免与 C51 新定义的 21 个关键字相冲突，否则程序在编译时会报错。

所用变量在使用前都应先声明，这是所有编程语言的通用规则。

2.1.3　数组介绍与应用

在 C 语言中，把具有相同类型的若干变量按有序的形式组织起来，这些按序排列的同类数据元素的集合称为数组。数组属于构造数据类型。

在程序设计中，数组是十分有用的。比如，要求一个班里 56 名学生的平均成绩，如果不用数组，那么只能先定义 56 个变量来存储这些成绩，然后把这些变量依次相加再除以人数，才能得到平均分，因此一个简单的程序，却最少需要定义 57 个变量；如果再要求求出高于平均分的学生，那么需要通过 56 个 if 语句来进行比较，这样的程序是让人无法接受的。而如果使用数组，只要定义一个一维数组 a[56]，就可以同时定义 56 个相同类型的变量，如果要求出高于平均分的值，那么用一个循环语句就可以实现了。

在 C 语言中，数组属于构造数据类型。一个数组可以分解为多个数组元素，这些数组元素可以是基本数据类型或是构造类型。因此按数组元素的类型不同，数组又可分为数值数组、字符数组、指针数组、结构数组等各种类别。每个数组包含一组具有相同类型的变量，这些变量在内存中占有连续的存储单元。在程序中，这些变量具有相同的名字，但具有不同的下标。在程序中，当需要使用数组元素时，必须先对数组进行定义。在 C 语言中，数组和指针有着极密切的联系，本节将对这些进行详细的讨论。

2.1.3.1　一维数组

每个数组包含一组具有相同类型的变量，这些变量在内存中占有连续的存储单元。在程序中，这些变量具有相同的名字，但有不同的下标，我们把它们称为下标变量或数组元素。在程序设计中，数组是一种十分有用的数据结构，许多问题不用数组几乎无法解决。

(1) 一维数组的定义和引用

当数组中每个元素只带有一个下标时，这样的数组称为一维数组。

格式：类型说明符 数组名［常量表达式］；

说明：

① "类型说明符"可以是任一种基本数据类型或构造数据类型，它规定了数组中元素的数据类型，对于同一个数组，所有元素的数据类型都是相同的。

② "数组名"是用户定义的数组标识符，它的命名规则与变量名相同，遵守标识符命名规则。

③ 方括号中的"常量表达式"表示数据元素的个数，也称为数组的长度。它可以是常量表达式也可以是符号常量，不可以是变量，例如 a［10］代表数组内有 10 个元素。

④ 所有的数组元素共用一个名字，用下标来区分每个不同的元素。下标从 0 开始，按照下标的顺序依次存放，如 a［0］、a［1］、a2、a［3］……

例如：

```
int a[10];            /*定义数组 a 为整型，数组内有 10 个整型元素*/
float b[10], c[20];   /*定义实数型数组 b 和 c，数组 b 有 10 个元素，数组 c
有 20 个元素*/
char c[30];           /*定义字符数组 c，数组中 30 个元素*/
int a[3+2];           /*定义整型数组 a，数组中有 3+2 个元素*/
```

如果有定义#define F5，以下定义是合法的：

```
int b[7+F];        /*定义整型数组 b，数组中有 5+7 个元素*/
```

如果没有定义 int n=5，以下定义是不合法的：

```
int a[n];
```

允许在同一个类型说明中，说明多个数组和多个变量。例如：

int a, b, c, d, x[10], y[20];

（2）一维数组元素的引用

数组元素是组成数组的基本单元。数组元素也是一种变量，其标识方法为数组名后跟一个下标。下标表示了元素在数组中的顺序序号。数组元素通常也称为下标变量。必须先定义数组，才能使用下标变量。引用数组时，不能一次性引用整个数组，只能逐个引用数组元素。

数组元素的一般形式为：

数组名[下标]

其中"下标"只能为整型常量或整型表达式。如为小数，C 编译将自动取整。例如 a[3]、a[3 * 3]、a[i+j]、a[i++]都是合法的数组元素。

（3）一维数组的初始化

给数组赋值的方法除了用赋值语句对数组元素逐个赋值外，还可采用初始化赋值和动态赋值的方法。

数组初始化赋值是指在数组定义时给数组元素赋予初值。为一维数组初始化赋值的一般格式为：

类型说明符 数组名 [常量表达式]={常量列表};

常量列表内的数据值即为各元素的初值，各值之间用逗号间隔。

给数组 a 中的所有元素赋初值。例如：

int a[10]={0, 1, 2, 3, 4, 5, 6, 7, 8, 9};

相当于：

a[10]=0；a[1]=1；……a[9]=9；

给数组 a 的部分元素赋初值。例如：

int a[10]={0, 1, 2, 3, 4};

表示只给 a[0]~a[4]5 个元素赋值，而后 5 个元素自动赋 0 值。即当{ }中值的个数少于元素个数时，只给前面部分元素赋值。如给数组中所有的元素赋同样的值，必须将所有元素都赋值，例如：

int a[10]={1, 1, 1, 1, 1, 1, 1, 1, 1, 1};

而不能写成：

int a[10]=1;

这样只给 a[0]赋值为 1，而 a[1]~a[9]赋值为 0。

利用初值的个数，确定数组内元素的个数，例如：

int a[]={1, 2, 3, 4, 5};

在定义数组的时候，并没有写出下标，而通过初值的个数，确定数组 a 拥有5 个元素，也就是 a[5]。相当于：

int a[5] = {1, 2, 3, 4, 5};

若初值的长度大于数组的长度时，语法错误，不能执行。

(4) 一维数组与指针

在 C 语言中，指针和数组的关系非常密切，引用数组元素即可以通过下标，也可以通过指针。本节将学习如何正确地使用数组的指针来处理数组元素。

1) 指向数组元素的指针

每个变量有一个地址，一个数组包含若干元素，每个数组元素都在内存中占用存储单元，它们也都有相应的地址。数组是由连续的内存单元组成的，每个数组元素按其类型的不同，占有长度不同的连续内存单元，因此一个数组元素的起始地址就是一个数组的地址，指向数组的指针是指数组的首地址，指向数组元素的指针是指向数组元素的地址。定义一个指向数组元素的指针变量的方法，与定义普通指针变量相同。定义数组指针变量说明的格式为：

> 类型说明符 *指针变量名;

其中"类型说明符"表示所指数组的类型。从定义的格式可以看出，指向数组的指针变量和指向普通变量的指针变量的说明是相同的。例如：

int a[10]; /*定义 a 为包含 10 个整型变量的数组*/

int *p; /*定义 p 为指向整型变量的指针*/

p=&a[0]; /*把 a[0] 元素的地址赋给指针变量 p。也就是说，p 指向 a 数组的第 1 个元素*/

2) 通过指针引用数组元素

C 语言规定：如果指针变量 p 已指向数组中的一个元素，则 p+1 指向同一数组下一个元素。如果 p 的初值为 &a[0]，则 p+i 和 a+i 就是 a[i] 的地址，或者说它们指向 a 数组的第 i 个元素，如图 2-1 所示。

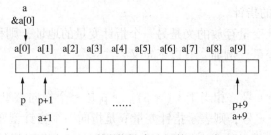

图 2-1　利用指针来访问数组元素

*(p+i) 或 *(a+i) 就是 p+i 或 a+i 所指向的数组元素，即 a[i]。例如，*p 为 a[0] 的值 *(p+5) 或 *(a+5) 就是 a[5] 的值。

指向数组的指针变量也可以带下标。例如，p[i] 与 *(p+i) 等价，即 p[5] 与 *(p+5) 等价，与 a[5] 等价。

引入指针变量后，就可以用两种方法来访问数组元素了。下标法，即用 a[i] 形式访问数组元素。指针法(间接法)，即采用 *(a+i) 或 *(p+i) 形式来访问数组元素。

(5) 指针数组和指向指针的指针

如果一个数组的所有元素都是指针，则称为指针数组。指针数组是一组有序的指针集合。指针数组的所有元素都必须是具有相同存储类型和指向相同数据类型的指针变量。

1) 指针数组的概念

格式：

$$类型说明符\quad *数组名[数组长度]$$

其中"类型说明符"为指针所指向的变量类型。例如：

int * p[3];

p 是一个指针数组，它有三个数组元素 p[1]、p[2]、p[3]，每个元素值都是一个指针，指向整型变量。应该注意指针数组和二维数组指针变量的区别。这两者虽然都可用来表示二维数组，但其表示方法和意义是不同的。

二维数组指针变量是单个的变量，格式为：

$$(*指针变量名)$$

例如，int (*p)[3]; 表示一个指向二维数组的指针变量。该二维数组的列数为 3 或分解为一维数组的长度为 3。而指针数组类型表示的是多个指针(一组有序指针)。格式为：

$$*指针数组名$$

例如，int *p[3]; 表示 p 是一个指针数组，它有三个数组元素 p[0]、p[1]、p[2]，均为指针变量。

2) 指向指针的指针

如果一个指针变量存放的又是另一个指针变量的地址，则称这个指针变量为指向指针的指针变量。例如，有以下定义：

int * * p;

p 前面有两个 * 号，相当于 *(*p)。*p 是一个指向整型数据的指针变量。*p 前面又有一个 * 号，则表示指针变量 p 是指向一个指针型变量的指针变量。

我们可以通过指针来访问变量，称为间接访问。由于指针变量直接指向变量，所以称为单级间接访问，也称为单级间址。如果通过指向指针变量来访问变量，则构成二级间接访问，也称二级间址。

3) 利用指针数组访问数组

如果有以下定义：

int ＊p[5]，a[5]；

那么 p 是一个指针数组，它的每一个元素是一个指针型数据，其值为地址，同时 p 中的每一个元素也都有相应的地址。数组名 p 代表该指针数组的首地址。p+1 是 p[1]的地址，p+1 就是指向指针型数据的指针(地址)。还可以设置一个指针变量 q，使它指向指针数组元素。q 就是指向指针型数据的指针变量。a 是一个一维数组，它的每一个元素都是整型数据。可以将 a 中所有元素的地址赋值给指针数组 p。

2.1.3.2 二维数组

二维数组是双下标的数组，用来处理类似于矩阵和二维表格型的数据非常高效。二维数组只是在逻辑上呈现出二维的形式，本质上它在内存中的存储还是一维线性的。二维数组可以通过定义得到，也可以通过一维数组与指针构造出来。

(1) 二维数组的定义和引用

只有一个下标的数组称为一维数组，但在实际问题中有很多量是二维的或多维的，因此 C 语言允许构造多维数组(有多个下标)。下文介绍二维数组(两个下标)，多维数组可由二维数组类推得到。

1) 二维数组的定义

格式：

类型说明符 数组名 [常量表达式 1][常量表达式 2]

其中，"常量表达式 1"表示二维数组的行数，"常量表达式 2"表示二维数组的列数。例如：

int a[3][4]；

以上定义了一个三行四列的数组，数组名为 a，其数组元素的类型为整型。该数组的变量共有 3×4 即 12 个。二维数组拥有两个下标，分别叫行下标和列下标。我们在纸上表达的时候表示为二维矩阵样式，但是在计算机的存储中是连续编址的，即存放完第一行之后，再存放第二行，直至最后一行，呈线性排列。即：先存放 a[0]行，再存放 a[1]行，最后存放 a[2]行。每行中的四个元素也是依次存放的。由于数组 a 定义为 int 类型，该类型占两个字节的内存空间，所以每个元素均占有两个字节。

2) 二维数组元素的引用

二维数组的元素也称为双下标变量，其格式为：

数组名[行下标][列下标]

其中，下标应为正整型常量或整型表达式。例如，a[3][4]表示 a 数组有 3 行 4 列的元素。下标可以是整型常量或表达式 如以下定义都是合法的：a[7＊

2][4+5]、a[7][4*3]。定义数组和数组的元素，写法上很相似，但是这两者具有完全不同的含义。如定义 int a[5][4]，数组 a 中的元素从 a[0][0]、a[0][1]至 a[4][3]，数组元素的下标最大值分别比定义时的行下标和列下标小 1。

3）二维数组的初始化

① 按赋值为二维数组赋初值。将所有的初值都写在一个花括号内，按数组的线性排列顺序依次为数组元素赋值。例如：

int a[5][3]={80, 75, 92, 61, 65, 71, 59, 63, 70, 85, 87, 90.76, 77, 85};

② 按行为二维数组赋初值。将每一行的初值放在同一个花括号内，然后将所有行的初值放在一个花括号内。这种方法按行赋值，比较直观，不容易出错。例如：

int a[5][3]={{80, 75, 92}, {61, 65, 71'}, {59, 63, 701}, {185, 87, 901}, {76, 77, 85}};

以上两种赋初值的结果是完全相同的。

③ 对二维数组的部分元素赋初值。可以只对部分元素赋初值，未赋初值的元素自动取 0 值。例如：

int a[3][3]={{2}, {5}, {4}};

又如：

int a[3][3]={{2}, {5, 6, 7}, {4, 1}};

还如：

int a[3][3]={{2, 8}, {5, 6, 7}};

④ 全部元素赋初值

如果对二维数组的全部元素赋初值，那么定义时行下标可以省略。例如：

int a[3][3]={1, 2, 3, 4, 5, 6, 7, 8, 9};

可以写为：

int a[][3]={1, 2, 3, 4, 5, 6, 7, 8, 9};

4）二维数组与一维数组的关系

数组是一种构造类型的数据。二维数组可以看作是由一维数组组成的。若一维数组中的每个元素都是包含若干元素的一维数组，这样就构成了二维数组。当然，前提是各元素类型必须相同。因此，我们也可以把一个二维数组分解为多个一维数组。

如二维数组 a[3][4]，可分解为三个一维数组，其数组名分别为 a[0]、a[1]、a[2]。

这三个一维数组都有 4 个元素，例如，一维数组 a[0]的元素为 a[0][0]、a[0][1]、a[0][2]、a[0][3]。在这里，a[0]、a[1]、a[2]不能再当作变量使用，它们是数组名，不再是一个变量了。

（2）二维数组与指针

二维数组的数组名是一个指针常量，二维数组可以分解为多个一维数组，分解得到的一维数组名也是指针常量。可以通过指针来构建二维数组。

1）二维数组与指针

在 C 语言中定义的二维数组本质上还是一维数组，这个一维数组的每一个成员又是个一维数组。若有定义：

int a[3][5];

则可以认为 a 数组由 a[0]、a[1]、a[2]三个元素组成的，而 a[0]、a[1]、a[2]等每个元素又是由 5 个整型元素组成的，可以用 a[0][0]、a[0][1]、a[0][2]等来表示 a[0]中的每个元素，依此类推。在 C 语言中，一维数组名是一个地址常量，其值为数组第一个元素的地址，此地址的基类型就是数组元素的类型。

在以上定义的二维数组中，a[0]、a[1]、a[2]都是一维数组名，因此，同样也代表一个不可变的地址常量，其值为二维数组该行第一个元素的地址，其基类型就是数组元素的类型。因为数组名为常量，因此以下定义是不合法的：a[0]++。

二维数组名同样也是一个地址值常量，其值为二维数组中第一个元素的地址。以上 a 数组，数组名 a 的值与 a[0]的值相同，只是其基类型为具有 5 个整型元素的数组类型。即 a+0 的值与 a[0]的值相同，a+1 的值与 a[1]的值相同，a+2 的值与 a[2]的值相同，它们分别表示 a 数组中第零、第一、第二行的首地址。二维数组名应理解为一个行指针。

若有定义：

int a[3] [5];

则以下赋值是不合法的：

p=a;

因为 p 和 a 的基类型是不同的，p 的基类型是整型，而 a 的基类型是数组类型。以下的赋值是合法的：

P=a[i];

a 和 p 的基类型是相同的，都是整型。我们已知 a[i]也可以写成 *（a+i），因此以上赋值语句也可以写成：

p= *（a+i）;

若有 a[0]+1，表达式中 1 的单位是 2 个字节；若有 a+l，表达式中 1 的单位应当是 501 个字节。同样，对于二维数组名 a，也不可以进行 a++、a=a+i 等运算。

二维数组元素的地址可以由表达式 &a[i][j]求得，也可以通过每行的首地址来表示。以上二维数组 a 中，每个元素的地址可以通过每行的首地址 a[0]、a[1]、a[2]等来表示。如：

a[0][0]的地址 &a[0][0]，可以用 a[0]+0 来表示。

a[0][1]的地址 &a[0][1]，可以用 a[0]+1 来表示。

a[1][2]的地址 &a[1][2]，可以用 a[1]+2 来表示。

在以上表达式中 a[0]、a[i]、&a[0][0]的基类型都是 int 类型，系统将自动据此来确定表达式中常量 1 的单位是 2 个字节。

用以下表达式将会出现错误：

a+5 * i+j;

因为 a 的基类型是 5 个整型元素的数组类型，系统将自动据此来确定常量 1 的单位是 10 个字节，而不是两个字节。

2) 通过地址来引用二维数组元素

若有以下定义：

int a[3][5];

且 i、j 满足条件 0<i<3、0≤j<5，则 a 数组元素可用以下 5 种表达式来引用：

① a[i][j]

② * (a[i]+j)

③ * (* (a+i)+j)

④ (* (a+i))+[j]

⑤ * (&a[0][0]+5 * i+j)

说明：②中表达式 * (a[i]+j)，因为 a[i]的基类型为 int，j 的位移量为 2×j 字节。③中表达式 * (* (a+i)+j)，a 的基类型为 5 个元素的数组，i 的位移量为 5×2×i 字节；而 * (a+i)的基类型为 int，j 的位移量仍为 2×j 字节。④中，* (a+i)外的一对圆括号不可少，若写成 * (a+i)[j]，因为运算符[ ]的优先级高于 * 号，表达式可转换成 * (* (a+i)+j))，即为 * (* (a+i+j))，这时 i+j 将使得位移量为 5×2×(i+j)个字节，显然这已不是元素 a[i][j]的地址，* (* (a+i+j))等价于 * (a[i+j])，等价于 a[i+j][0]，引用的是数组元素 a[i+j][0]，而不是 a[i][j]了。在⑤中，&a[0][0]+5 * i+j 代表了数组元素 a[i]i]的地址，通过间接运算符 * 号，表达式 * (&a[0][0]+5 * i+j)代表了数组元素 a[i][j]的存储单元。

3) 通过指针数组来引用二维数组元素

若有以下定义：

int * p[5], a[3][2], i, j;

则定义了一个指针数组 p，一个二维数组 a，p 的每个元素都是基类型为 int

的指针。所以若满足条件 0≤i<3，则 p[i] 和 a[i] 的基类型相同，P[i]=a[i] 是合法的赋值表达式。若有以下循环语句：

for(i=0；i<3；i++)p[i]=a[i]；

　　则将二维数组每行的首地址赋给了指针数组的 3 个指针。这时，数组 p 和数组 a 之间的关系如图 2-2 所示。

　　当 p 数组的每个元素已如图 2-2 所示指向 a 数组每行的开头时，则 a 数组元素 a[i][j] 的引用形式 *(a[i]+j) 和 *(p[i]+j) 是完全等价的。所以，这时可以通过指针数组 p 来引用 a 数组中的元素，它们的等价形式如下：

① p[i][j] 与 a[i][j] 等价。

② *(p[i]+j) 与 *(a[i]+j) 等价。

③ *(*(p+i)+j) 与 *(*(a+i)+j) 等价。

④ (*(p+i))[i] 与 (*(a+i))[j] 等价。

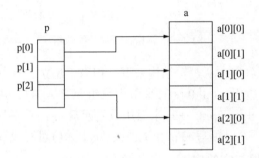

图 2-2　指针数组与二维数组

　　但是要注意一点，p[i] 是一个变量，而 a[i] 则是一个常量。如果定义一个指向指针数组首地址的指针，并对其赋值：

int **q；

q=p；

　　则 p[0] 也可写作 *(q+0) 或 q[0]，P[1] 也可以写作 *(q+1) 或 q[1]，因此可通过指针 q 来引用 a 数组中的元素，它们的等价形式如下：

① q[i][j] 与 a[i][j] 等价。

② *(q[i]+j) 与 *(a[i]+j) 等价。

③ *(*(q+i)+j) 与 *(*(a+i)+j) 等价。

④ (*(q+i))[i] 与 (*(a+i))[j] 等价。

　　4）通过指针数组和一维数组来构造二维数组

　　通过前面各章节的学习，我们知道二维数组在内存中是呈线性排列的，本质上也是一维数组。因此将一维数组中的元素分组，也可以拆分成二维数组。若有以下定义和语句：

int a[6]，*p[3]；

for(i=0；i<3；i++)p[i]=&x[2*i]；

根据以上定义，a 是一个一维整型数组，p 是一个指针数组，for 循环执行的结果，使 p[0]指向 a[0]，把 a 数组凡是下标为 2 的倍数的元素的地址依次赋给了 p 数组元素，它们之间的关系如图 2-3 所示。

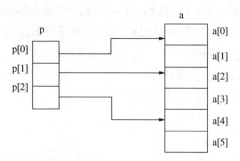

图 2-3　将指针指向一维数组

从图 2-3 可以看出，从逻辑结构来看，相当于建立了一个二维数组结构。这时，我们可以用表达式 *(p[0]+0)来引用数组元素 a[0]，用 *(p[0]+1)来引用数组元素 a[1]，用 *(p[0]+2)来引用数组元素 a[2]……因此(p[0]+0)可写成 p[0][0]，(p[0]+1)可写成 p[0][1]，(p[1]+1)可写成 p[1][1]……

2.1.3.3　字符数组与字符串

C 语言本身没有设置字符串这样的数据类型，因此字符串都是存储于字符数组中的。字符数组与指针有着密切的关系，因此字符串的运算非常简洁、灵活，本节将详细讨论字符串与字符数组、指针的关系。

(1) 字符数组

字符数组就是用来存放字符变量的数组。字符数组中的每个数组元素存放一个字符，即一字节。字符数组可以是一维的也可以是多维的。

1) 字符数组的定义

定义一维字符数组格式如下：

char 数组名[常量表达式]；

例如：

char c[10]；

定义二维字符数组格式如下：

char 数组名[常量表达式 1][常量表达式 2]；

例如：

char c[5][10];

2）字符数组的初始化

可以逐个给字符数组元素赋初值。为一维数组赋初值，例如：

char c[10] = ['c', ' ', 'p', 'r', 'o', 'g', 'r', 'a', 'm'];

以上语句定义 c 为字符数组，包含 10 个元素，其中 c[0]赋初值为'c'，c[1]赋初值为空格，c[2]赋初值为'p'……c[8]赋初值为'm'，其中 c[9]未赋值，系统自动赋值为'/0'。如果为数组的全体元素赋值，也可以省略数组长度。例如：

char c[ ] = {'c', ' ', 'p', 'r', 'o', 'g', 'r', 'a', 'm'};

这时 C 数组的长度自动定义为 9，相当于定义 char c[9]。

说明：①如果赋值时提供的初值长度大于字符数组的长度，那么系统会显示语法错误。

② 如果赋值时提供的初值长度小于字符数组的长度，那么系统会给没有赋初值的数组元素自动定义为空字符'/0'。

3）字符数组的引用

一维字符数组引用的格式：

数组名[下标]

二维字符数组引用的格式：

数组名[行下标][列下标]

（2）字符串

字符串是用双引号括起来的一串字符，以'\0'为结束标志。'\0'占一字节的空间，但是不计入字符串的长度。

在 C 语言中没有专门的字符串变量，通常用一个字符数组来存放一个字符串。

1）字符串常量

虽然 C 语言中没有字符串数据类型，但是允许使用字符串常量。字符串常量是用双引号" "括起来的一串字符。例如：printf("a = %d \ n", a)中的"a = %d \ n"就是一个字符串常量。字符串常量和字符常量占有的内存空间是不一样的。

例如：'A'是一个字符常量，"A"是一个字符串常量。'A'占用一个字节的存储空间，"A"是长度为 1 的一个字符串，但是它占用两个字节的存储空间，其中一个字节用来存放'' \0'。一对单独的双引号" "也是一个字符串常量，称为空串，它的长度为 0，但是占用一个字节的空间用来存放'\0'。

'\0'是一个转义字符，称为空值，它的 ASCII 值为 0，利用'\0'可以测定一个字符串的实际长度。'\0'作为标志占用存储空间，但是不计入字符串的实际长度。表示字符串常量时，不需要用户手动添加'\0'，编译系统会自动完成这一工作。

2）用字符串给字符数组赋初值

用字符串常量给字符数组赋初值，例如：

char c[10] = ("C program");

或写为：

char c[10] = "C program";

如果字符串的长度大于字符数组的长度，系统报错。如果字符串的长度小于字符数组的长度，系统自动在最后一个字符后添'\0'作为字符串结束标志。通过给字符数组赋初值，确定字符数组长度，例如：

char c[] = "C program";

字符串内一共有9个字符，但是由于字符串是以"10"作为字符串结束标志的，所以c数组的长度为10，也就是相当于定义是c[10]，如图2-4所示。

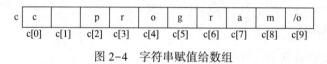

图2-4　字符串赋值给数组

如果有以下定义：

char c[] = ['c',' ','p','r','o','g','r','a','m'];

这时c数组的长度自动定为9，相当于定义了char c[9]，如图2-5所示。

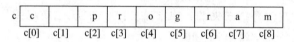

图2-5　字符赋值给数组

用字符串为字符数组赋值时，无需指定长度。用字符串为字符数组赋初值时，系统会自动在该字符串最后加'\0'作为字符串结束标志。若定义的字符数组准备存放字符串，则要求最后一个字符为'\0'。

3）字符串的输入输出

字符串的输出可以用格式符"%s"整个输出字符串。例如：

char c[] = ['c',' ','p','r','o','g','r','a','m'];

printf("%s", c);

注意：在printf函数中，使用的格式字符"%s"，表示输出的是一个字符串。在输出列表中给出数组名即可。不能写为：

printf("%s", c[]);

字符串的输入可以用格式符%s将字符串输入到字符数组中。例如：

char s;

scanf("%s", s);

多个字符串的输入，由于C语言规定scanf()函数在输入数据时以空格、制表符和回车来进行数据的分隔，因此按%s来输入字符串时，字符串中不能有空格或制表符。如果在命令行输入，那么执行printf("%s", s)后输出，说明字符数组中只存储了string，字符串前的空格没有被存入到字符串中，字符串中的空格被认为是串的结束，后面的字符没有被存储到数组中。因此，如果要输入有空格的字符串，则应该定义多个字符数组。

4）字符串与指针

字符数组与指针，C语言中规定，数组名代表了该数组的首地址。因此字符数组的数组名，也代表了数组的首地址，整个数组是以首地址开头的一块连续的内存单元。因此，当用scanf()函数输入字符数组的值时，应写成scanf("%s", s)而不是scanf("%s", &s)。

字符串的地址，每一个字符串常量都要占用内存中的一串连续的存储空间，它们所在的地址空间虽然没有名字，但是也占有固定的起始地址。因此，在C语言中，字符串常量被处理为一个以'\0'结尾的无名字字符型一维数组。以下定义与赋值是合法的：

char *p;

p="string";

此赋值语句并不是把字符串的内容放入p中，而只是把字符串的首地址赋给了p。

将字符串的地址赋给指针变量。例如：

char *p;

p="string";

也可以在定义指针变量的同时，将一个字符串的地址赋给指针变量。例如：

char *p="string";

经过以上赋值，指针变量p指向了字符串常量的首地址。

用字符数组存储的字符串与指针指向的字符串的区别若有以下定义：

char a[]="hello";

char *p="hello";

则数组a是一个字符数组，经过赋初值，它的长度固定。可以通过a、&a[0]等来引用字符串中元素的地址。在这个数组中，字符串的内容是可以改变的，而a总是引用固定的存储空间。

p是一个指针变量，通过赋初值，它指向一个字符串常量，即一个无名的一维字符数组。可以通过 p、p+1 等来引用这个字符串常量中元素的地址。指针变量中的地址是可以改变的，字符串的长度不受限制。一旦 p 指向其他地址，如果没有另外的指针指向原来的字符串那么这个字符串将丢失，其所占用的存储空间也无法再引用了。

用指针来输入输出字符串，若有以下定义：

char s[20]，∗p;

p＝s;

则以下的输入都是合法的：

scanf("%s"，s);

scanf("%s"，p);

scanf("%s"，&s[0]);

以下的输出也是合法的：

printf("%s \ n"，s);

printf("%s \ n"，p);

5）字符串数组

字符串数组与二维数组、多个字符串数组又构成一个数组，就称为字符串数组。可以将一个二维字符数组看作字符串数组。例如：

char str[4][10];

数组 str 共有 4 个元素组成，每个元素又是一个一维数组，每个一维数组由最多 9 个字符的字符串组成。二维数组的第一个下标决定了字符串的个数，第二个下标决定了字符串的最大长度。

字符串数组与指针、二维字符串数组在定义的同时开辟了固定字节数的空间。例如：

char c[ ][11]＝{"I"，"am"，"a"，"programmer"};

由定义可知，该数组开辟了 4×11 个内存空间，在内存中占有连续 44 个字节空间，各元素在数组中的存储情况如图 2-6 所示。

c

C[0]	I	/0	/0	/0	/0	/0	/0	/0	/0	/0
C[1]	a	m	/0	/0	/0	/0	/0	/0	/0	/0
C[2]	a	/0	/0	/0	/0a	m	/0	/0	/0	/0
C[3]	p	r	o	g	r	a	m	m	e	r	/0

图 2-6　二维字符数组

通过赋初值，二维数组中有些存储单元是空闲着的，但是不能被别的变量所利用，造成浪费。因此，可以定义字符型指针数组来构造一个类似的字符串数组。例如：

char ＊p[4]＝{"I","am","a","programmer"};

这个数组的存储结构如图2-7所示。

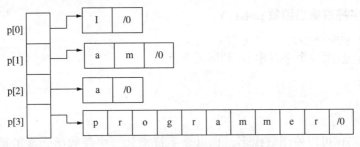

图2-7　数组的存储结构

指针数组p的每个元素指向一个字符串，也就是说数组p中的每个元素存放着一个字符串的首地址。在赋初值的过程中，未被赋值的指针数组元素，系统自动赋值'0'。指针数组p所指向的4个字符串，它们并不占用连续的存储单元，实际只占用了17字节的内存空间。

指针数组所指向的字符串，它们没有名字，和它们的联系全依赖于指针数组元素，一旦指针数组元素被重新赋值，并且没有其他指针指向相应的字符串，字符串将丢失。

说明：通过定义二维字符数组得到的字符串数组和通过指针数组构成的字符串数组二者都能构成字符串数组，但是有根本的区别。

二维字符数组构成的字符串数组，长度固定；占用连续的存储单元，c[1]的地址可以通过c[0]+1得到；数组元素可以重新赋值，但每个字符串的长度受原始定义的限制；c[0]、c[1]……的值不能改变，它们都是地址常量。

通过指针数组构成的字符串数组，每个字符串的长度没有固定限制；每个字符串占用的空间是不连续的，p[0]和p[1]的值之间没有联系；指针数组可以重新赋值，重新赋值之后，新字符串的长度不受限制，但是一旦重新赋值，原有的字符串如果没有其他指针指向它，就会丢失。通过定义二维字符数组得到的字符串数组和通过指针数组构成的字符串数组，各有其优缺点。在实际使用中，我们可把二维字符数组的地址赋值给基类型为字符型的指针数组元素。例如：

char c[4][5], p[4];

for(i=0; i<4; i++)

p[i]=c[i];

这样，既可以通过 c 来引用字符串，也可以通过 p 来引用字符串。

2.1.3.4 字符串处理函数

C 语言提供了丰富的字符串处理函数，可分为字符串的输入、输出、合并、修改、比较、转换、复制、搜索等几类。使用输入输出的字符串函数，应包含头文件 stdio. h，使用其他字符串函数则应包含头文件 string. h。

(1) 字符串输出函数 puts( )

格式：puts(str);

功能：输出一个字符串 str 到屏幕上。

例如：

puts (s);

puts("hello");

说明：str 可以使用数组名，也可是字符指针、字符数组元素的地址或是字符串等。str 存放的是字符串的首地址，调用 puts( )函数时，将从这一地址开始，依次输出存储单元中的字符，遇到第一个' \0'结束输出，并自动输出一个换行符。输出的字符串中可以输出转义字符。调用 puts( )函数，必须包含头函数 stdio. h。

(2) 字符串输入函数 gets( )

格式：gets(str);

功能：从标准输入设备键盘上输入一个字符串 str。

例如：

char str[ ];

get(str);

说明：本函数得到一个函数值，即为该字符数组的首地址。str 用来存放字符串的首地址，它可以是字符数组名、字符指针或字符数组元素的地址。get( )函数从中读入字符串，直到读入一个换行符为止，换行符读入后，不作为字符串的内容，系统自动以' \0'代替。调用 gets( )函数，必须包含头函数 stdio. h。

(3) 字符串连接函数 strcat( )

格式：strcat(字符数组 1，字符数组 2);

功能：把"字符数组 2"中的字符串连接到"字符数组 1"中字符串的后面，并删去"字符数组 1"后的串标志' \0'。函数的返回值是"字符数组 1"的首地址。

例如：

strcat(str1，str2);

说明："字符数组 1"必须有足够的空间容纳两个字符串合并后的内容。连接前，两个字符数组之后都有一个' \0'，连接时将"字符数组 1"后面的' \0'取消，只在新串后面保留一个'\0'。调用 strcat( ) 函数，必须包含头函数 string. h。如有以下定义，则对函数的调用是不正确的：

char ＊p1="hello"，＊p2="hi"; strcat(p1, p2);

说明：p1 指向的是无名的存储区的首地址，它之后没有属于它的剩余空间可以存放另一个字符串。

(4) 字符串拷贝函数 strcpy( )

格式：strcpy(字符数组 1，字符数组 2);

功能：把"字符数组 2"中的字符串拷贝到"字符数组 1"中。例如：

strcpy(str1, str2);

strcpy(strl,"hello");

说明：str2 拷贝时，串结束标志'\0'也一同拷贝。str2 也可以是一个字符串常量，这时相当于把一个字符串赋予一个字符数组。strl 中要有足够的空间可以容纳 str2 中的内容。字符串之间不可以互相赋值，只能用字符串拷贝函数，例如以下的写法是错误的：

char strl[10]="hello"，str2[10]; str2=str1;

调用 strcpy( ) 函数，必须包含头函数 string. h。

2.1.4　数据结构

数据结构(Data Structure)是带有结构特性的数据元素的集合，它研究的是数据的逻辑结构和数据的物理结构以及它们之间的相互关系，并对这种结构定义相适应的运算，设计出相应的算法，并确保经过这些运算以后所得到的新结构仍保持原来的结构类型。简而言之，数据结构是相互之间存在一种或多种特定关系的数据元素的集合，即带"结构"的数据元素的集合。"结构"就是指数据元素之间存在的关系，分为逻辑结构和存储结构。

数据的逻辑结构和物理结构是数据结构的两个密切相关的方面，同一逻辑结构可以对应不同的存储结构。算法的设计取决于数据的逻辑结构，而算法的实现依赖于指定的存储结构。

数据结构的研究内容是构造复杂软件系统的基础，它的核心技术是分解与抽象。通过分解可以划分出数据的 3 个层次；再通过抽象，舍弃数据元素的具体内容，就得到逻辑结构。类似地，通过分解将处理要求划分成各种功能，再通过抽象舍弃实现细节，就得到运算的定义。

上述两个方面的结合可以将问题变换为数据结构。这是一个从具体(即具体问题)到抽象(即数据结构)的过程。然后，通过增加对实现细节的考虑进一步得到存储结构和实现运算，从而完成设计任务。这是一个从抽象(即数据结构)到具体(即具体实现)的过程。

2.1.4.1　数据的逻辑结构

指反映数据元素之间的逻辑关系的数据结构，其中的逻辑关系是指数据元素之间的前后间关系，而与他们在计算机中的存储位置无关。逻辑结构包括：

集合：数据结构中的元素之间除了"同属一个集合"的相互关系外，别无其他关系；

线性结构：数据结构中的元素存在一对一的相互关系；

树形结构：数据结构中的元素存在一对多的相互关系；

图形结构：数据结构中的元素存在多对多的相互关系。

2.1.4.2　数据的物理结构

指数据的逻辑结构在计算机存储空间的存放形式。

数据的物理结构是数据结构在计算机中的表示(又称映像)，它包括数据元素的机内表示和关系的机内表示。由于具体实现的方法有顺序、链接、索引、散列等多种，所以，一种数据结构可表示成一种或多种存储结构。

数据元素的机内表示(映像方法)：用二进制位(Bit)的位串表示数据元素。通常称这种位串为节点(Node)。当数据元素有若干个数据项组成时，位串中与各个数据项对应的子位串称为数据域(Data Field)。因此，节点是数据元素的机内表示(或机内映像)。

关系的机内表示(映像方法)：数据元素之间的关系的机内表示可以分为顺序映像和非顺序映像，常用两种存储结构：顺序存储结构和链式存储结构。顺序映像借助元素在存储器中的相对位置来表示数据元素之间的逻辑关系。非顺序映像借助指示元素存储位置的指针(pointer)来表示数据元素之间的逻辑关系。

2.1.4.3　数据存储结构

数据的逻辑结构在计算机存储空间中的存放形式称为数据的物理结构(也称为存储结构)。一般来说，一种数据结构的逻辑结构根据需要可以表示成多种存储结构，常用的存储结构有顺序存储、链式存储、索引存储等。

数据的顺序存储结构的特点是：借助元素在存储器中的相对位置来表示数据元素之间的逻辑关系。非顺序存储的特点是：借助指示元素存储地址的指针来表示数据元素之间的逻辑关系。

(1) 堆栈

堆栈是一个特定的存储区或寄存器，它的一端是固定的，另一端是浮动的。堆这个存储区存入的数据，是一种特殊的数据结构。所有的数据存入或取出，只能在浮动的一端(称栈顶)进行，严格按照"先进后出"的原则存取，位于其中间的元素，必须在其栈上部(后进栈者)诸元素逐个移出后才能取出。在内存储器(随机存储器)中开辟一个区域作为堆栈，叫软件堆栈；用寄存器构成的堆栈，叫硬件堆栈。

单片机应用中，堆栈是个特殊存储区，堆栈属于 RAM 空间的一部分，堆栈用于函数调用、中断切换时保存和恢复现场数据。堆栈中的物体具有一个特性：第一个放入堆栈中的物体总是被最后拿出来，这个特性通常称为先进后出(FILO，First-In/Last-Out)。堆栈中定义了一些操作，两个最重要的是 PUSH(入栈)和 POP(出栈)。PUSH 操作：堆栈指针(SP)加 1，然后在堆栈的顶部加入一个元素。POP 操作相反，出栈则先将 SP 所指示的内部 RAM 单元中内容送入直接地址寻址的单元中(目的位置)，然后再将堆栈指针(SP)减 1。这两种操作实现了数据项的插入和删除。

堆栈是计算机科学领域重要的数据结构，它被用于多种数值计算领域。表达式求值是编译程序中较为常见的操作，在算术表达式求值的过程中，需要使用堆栈来保存表达式的中间值和运算符，堆栈使得表达式的中间运算过程的结果访问具有了一定的自动管理能力。大部分编译型程序设计语言具有程序递归特性，递归能够增强语言的表达能力和降低程序设计难度。递归程序的递归深度通常是不确定的，需要将子程序执行的返回地址保存到堆栈这种先进后出式的结构中，以保证子程序的返回地址的正确使用顺序。函数式程序设计语言中，不同子函数的参数的种类和个数是不相同的，编译器也是使用堆栈来存储子程序的参数。

栈(操作系统)：由操作系统自动分配释放，存放函数的参数值、局部变量的值等，其操作方式类似于数据结构中的栈。

堆(操作系统)：一般由程序员分配释放，若程序员不释放，程序结束时由 OS(操作系统)回收，分配方式类似于链表。

堆(数据结构)：堆可以被看成是一棵树，如：堆排序。

栈(数据结构)：一种先进后出的数据结构。

例如：顺序栈 AStack 的类定义

```
template < class T >
class AStack {
private：
int size； //数组的规模
T ＊ stackArray； //存放堆栈元素的数组
int top； //栈顶所在数组元素的下标
public：
AStack ( int MaxStackSize ) //构造函数
```

```
{ size=MaxStackSize; stackArray=new T [MaxStackSize]; top=-1;}
~AStack ( ) { delete [ ] stackArray;} //析构函数
bool push ( const T& item ); //向栈顶压入一个元素
bool pop ( T & item ); //从栈顶弹出一个元素
bool peek ( T & item ) const; //存取栈顶元素
int isempty ( void ) const { return top = = -1;}//检测栈是否为空
int isfull ( void ) const { return top ==size-1;}// 检测栈是否为满
void clear ( void ) { top =-1;} // 清空栈
};
```

栈（Stack）与堆（Heap）都是 C 语言中用来在 RAM 中存放数据的地方。在 C 语言中自动管理栈和堆，程序员不能直接地设置栈或堆。

栈的优势是，存取速度比堆要快，仅次于直接位于 CPU 中的寄存器。但缺点是，存在栈中的数据大小与生存期必须是确定的，缺乏灵活性。另外，栈数据在多个线程或者多个栈之间是不可以共享的，但是在栈内部多个值相等的变量是可以指向一个地址的。堆的优势是可以动态地分配内存大小，生存期也不必事先告诉编译器，C 语言中的垃圾收集器会自动收走这些不再使用的数据。但缺点是，由于要在运行时动态分配内存，存取速度较慢。

一种是基本类型（Primitive Types），共有 8 种，即 int，short，long，byte，float，double，boolean，char(注意，并没有 string 的基本类型)。这种类型的定义是通过诸如 int a=3; long b=255L; 的形式来定义的，称为自动变量。值得注意的是，自动变量存的是字面值，不是类的实例，即不是类的引用，这里并没有类的存在。如 int a=3; 这里的 a 是一个指向 int 类型的引用，指向 3 这个字面值。这些字面值的数据，由于大小可知，生存期可知(这些字面值固定定义在某个程序块里面，程序块退出后，字段值就消失了)，出于追求速度的原因，就存在于栈中。

另外，栈有一个很重要的特殊性，就是存在栈中的数据可以共享。假设我们同时定义：

$$int \ a=3;$$

$$int \ b=3;$$

编译器先处理 int a=3; 首先它会在栈中创建一个变量为 a 的内存空间，然后查找有没有字面值为 3 的地址，没找到，就开辟一个存放 3 这个字面值的地址，然后将 a 指向 3 的地址。接着处理 int b=3; 在创建完 b 的引用变量后，由于在栈中已经有 3 这个字面值，便将 b 直接指向 3 的地址。这样，就出现了 a 与 b 同时均指向 3 的情况。

特别需要注意的是，这种字面值的引用与类对象的引用不同。假定两个类对象的引用同时指向一个对象，如果一个对象引用变量修改了这个对象的内部状态，那么另一个对象引用变量也即刻反映出这个变化。相反，通过字面值的引用来修改其值，不会导致另一个指向此字面值的引用的值也跟着改变的情况。如上例，我们定义完 a 与 b 的值后，再令 a=4；那么，b 不会等于 4，还是等于 3。在编译器内部，遇到 a=4；时，它就会重新搜索栈中是否有 4 的字面值，如果没有，会重新开辟地址存放 4 的值；如果已经有了，则直接将 a 指向这个地址。因此 a 值的改变不会影响到 b 的值。

一个由 C/C++ 编译的程序占用的内存分为以下几个部分：

栈区（Stack）：由编译器自动分配释放，存放函数的参数名、局部变量的名等，其操作方式类似于数据结构中的栈。

堆区（Heap）：由程序员分配释放，若程序员不释放，程序结束时可能回收。注意它与数据结构中的堆是两回事，分配方式类似于链表。

静态区（Static）：全局变量和局部静态变量的存储是放在一块的。程序结束后由系统释放。

文字常量区：常量字符串就是放在这里的，程序结束后由系统释放。

程序代码区：存放函数体的二进制代码。

首先，定义静态变量时如果没有初始化编译器会自动初始化为 0。接下来，如果是使用常量表达式初始化了变量，则编译器仅根据文件内容（包括被包含的头文件）就可以计算表达式，编译器将执行常量表达式初始化。必要时，编译器将执行简单计算。如果没有足够的信息，变量将被动态初始化。请看以下代码：

```
int global_ 1=1000;//静态变量外部链接性常量表达式初始化
int global_ 2; //静态变量外部链接性零初始化
static int one_ file_ 1=1000;//静态变量内部链接性常量表达式初始化
static int one_ file_ 2; //静态变量内部链接性零初始化
int main()
{
static int count_ 1=1000; //静态变量无链接性常量表达式初始化
static int count_ 2; //静态变量无链接性零初始化
return 0;
}
```

所有的静态持续变量都有下述初始化特征：未被初始化的静态变量的所有位都被设为 0。这种变量被称为零初始化。以上代码说明关键字 static 的两种用法，但含义有些不同：用于局部声明，以指出变量是无链接性的静态变量时，static

表示的是存储持续性；而用于代码块外声明时，static 表示内部链接性，而变量已经是静态持续性了。有人称之为关键字重载，即关键字的含义取决于上下文。

stack：由系统自动分配。例如，声明在函数中一个局部变量 int b；系统自动在栈中为 b 开辟空间。

heap：需要程序员自己申请，并指明大小，在 C 语言中用 malloc 函数：

如 p1 = (char *) malloc(10) ;

如 p2 = new char[10] ; //(char *) malloc(10) ;

但是注意 p1、p2 本身是在栈中的。

栈：只要栈的剩余空间大于所申请空间，系统将为程序提供内存，否则将报异常提示栈溢出。栈由系统自动分配、速度较快，但程序员是无法控制的，在函数调用时，在大多数的 C 编译器中，参数是由右往左入栈的，然后是函数中的局部变量。注意静态变量是不入栈的。

堆：堆是向高地址扩展的数据结构，是不连续的内存区域。这是由于系统是用链表来存储空闲内存地址的，自然是不连续的，而链表的遍历方向是由低地址向高地址。堆的大小受限于计算机系统中有效的虚拟内存。由此可见，堆获得的空间比较灵活，也比较大。堆是由 new 分配的内存，一般速度比较慢，而且容易产生内存碎片，不过用起来最方便。当本次函数调用结束后，局部变量先出栈，然后是参数，最后栈顶指针指向函数的返回地址，也就是主函数中的下一条指令的地址，程序由该点继续运行。

一般是在堆的头部用一个字节存放堆的大小。堆中的具体内容由程序员安排。

char s1[ ] = " aaaaaaaaaaaaaaaa" ;

char * s2 = " bbbbbbbbbbbbbbbb" ;

aaaaaaaaaaaa 是在运行时刻赋值的；而 bbbbbbbbbb 是在编译时就确定的；但是，在以后的存取中，在栈上的数组比指针所指向的字符串(例如堆)快。比如：

```
void main( ) {
    char a = 1 ;
    char c[ ]  = " 1234567890" ;
    char * p  = " 1234567890" ;
    a = c[ 1 ] ;
    a = p[ 1 ] ;
    return ;
}
```

第一种在读取时直接就把字符串中的元素读到寄存器 cl 中，而第二种则要先把指针值读到 edx 中，再根据 edx 读取字符，显然慢了。

堆栈处理器的指令可以分为四类：算术逻辑运算、堆栈调整、程序分支和存储器访问。堆栈指令集与常见的 RISC 处理器指令集的不同是指令的寻址方式，堆栈指令多为默认寻址方式，指令操作数的地址被处理器设定为某一个既定的堆栈位置，不需要将地址信息存放于指令中。这种方式增加了堆栈处理器的指令压缩度，但固定的操作数地址会使得指令的操作数指定不够灵活，堆栈处理器中设计了能够调整堆栈中数据存放顺序的堆栈调整指令。堆栈调整指令可以在同一堆栈内部和堆栈间调整数据的位置，堆栈调整指令和堆栈的先进后出特性使得堆栈中特定位置的数据可以灵活地改变。

堆栈处理器也是基于简单性哲学的处理器，但是它更加深入地践行了简单性哲学。首先堆栈处理器具有更简短的指令格式，一个指令字可以包含的指令条数更多，指令更加紧凑。堆栈指令的操作数大部分是采用默认寻址。首先，算术运算的操作数为数据堆栈的栈顶和次栈顶，操作数无需直接指定。省略了操作数信息，堆栈指令长度可以变得非常短。其次，堆栈处理器的每一条指令所完成的功能都非常简单，这使得它的每一条指令都可以在一个机器周期内完成。对于较复杂的功能，堆栈处理器将它分解为多个简单操作指令来完成，这使得堆栈处理器可以在不使用流水线技术的情况下，依然可以有很高的指令吞吐率。再次，紧凑的指令结构使得堆栈处理器无需使用缓冲技术来缓解处理器与存储器在速度上的差异。堆栈处理器的指令长度都很短，一个机器字中通常可以存储两到三条指令，所以处理器一次可以同时取出多条指令，每执行两到三条指令才进行一次取指令操作，这就允许堆栈处理器的速度是存储器的数倍，而不会产生等待访存的情形。最后，堆栈处理器内置的硬件堆栈和优异的堆栈操作性能使得它具有了快速的子程序调用和返回能力。堆栈处理器的指令操作都是基于堆栈的，它进行子程序调用时，只需要保存子程序的返回地址，不需要进行数据现场保护，因为程序的数据现场就天然的存储在数据堆栈中。堆栈处理器中的堆栈除了进行程序现场保护和数值运算，它还可被用来存放子程序参数和返回值，堆栈存放参数和返回值的好处是它能适应程序参数和返回值个数的变化。

（2）队列

队列是一种特殊的线性表，特殊之处在于它只允许在表的前端（front）进行删除操作，而在表的后端（rear）进行插入操作，和栈一样，队列是一种操作受限制的线性表。进行插入操作的端称为队尾，进行删除操作的端称为队头。队列中没有元素时，称为空队列。

队列的数据元素又称为队列元素。在队列中插入一个队列元素称为入队，从队列中删除一个队列元素称为出队。因为队列只允许在一端插入，在另一端删除，所以只有最早进入队列的元素才能最先从队列中删除，故队列又称为先进先出（FIFO，First In First Out）线性表。

建立顺序队列结构必须为其静态分配或动态申请一片连续的存储空间，并设置两个指针进行管理。一个是队头指针 front，它指向队头元素；另一个是队尾指针 rear，它指向下一个入队元素的存储位置，如图 2-8 所示。

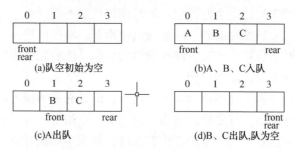

图 2-8 顺序队列操作示意图

每次在队尾插入一个元素时，rear 增 1；每次在队头删除一个元素时，front增 1。随着插入和删除操作的进行，队列元素的个数不断变化，队列所占的存储空间也在为队列结构所分配的连续空间中移动。当 front＝rear 时，队列中没有任何元素，称为空队列。当 rear 增加到指向分配的连续空间之外时，队列无法再插入新元素，但这时往往还有大量可用空间未被占用，这些空间是已经出队的队列元素曾经占用过的存储单元。

顺序队列中的溢出现象：

"下溢"现象：当队列为空时，做出队运算产生的溢出现象。"下溢"是正常现象，常用作程序控制转移的条件。

"真上溢"现象：当队列满时，做进栈运算产生空间溢出的现象。"真上溢"是一种出错状态，应设法避免。

"假上溢"现象：由于入队和出队操作中，头尾指针只增加不减小，致使被删元素的空间永远无法重新利用。当队列中实际的元素个数远远小于向量空间的规模时，也可能由于尾指针已超越向量空间的上界而不能做入队操作。该现象称为"假上溢"现象。

在实际使用队列时，为了使队列空间能重复使用，往往对队列的使用方法稍加改进：无论插入或删除，一旦 rear 指针增 1 或 front 指针增 1 时超出了所分配的队列空间，就让它指向这片连续空间的起始位置。这实际上是把队列空间想象成一个环形空间，环形空间中的存储单元循环使用，用这种方法管理的队列也就称为循环队列。除了一些简单应用之外，真正实用的队列是循环队列。

在循环队列中，当队列为空时，有 front＝rear，而当所有队列空间全占满时，也有 front＝rear。为了区别这两种情况，规定循环队列最多只能有 MaxSize−1 个队列元素，当循环队列中只剩下一个空存储单元时，队列就已经满了。因此，队列判空的条件是 front＝rear，而队列判满的条件是 front＝（rear+1）%MaxSize。队空和队满的情况如图 2−9 所示。

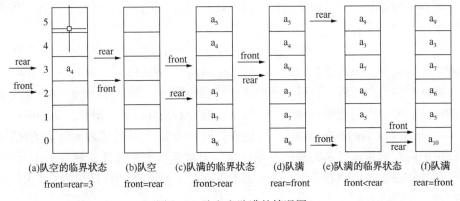

(a)队空的临界状态　(b)队空　　　(c)队满的临界状态　(d)队满　　　(e)队满的临界状态　(f)队满
front=rear=3　　front=rear　　front>rear　　　rear=front　　front<rear　　　rear=front

图 2−9　队空和队满的情况图

队列可以用数组 Q[1…m] 来存储，数组的上界 m 即是队列所容许的最大容量。在队列的运算中需设两个指针：head，队头指针，指向实际队头元素；tail，队尾指针，指向实际队尾元素的下一个位置。一般情况下，两个指针的初值设为 0，这时队列为空，没有元素。数组定义 Q[1…10]。Q(i) i＝3，4，5，6，7，8。头指针 head＝2，尾指针 tail＝8。队列中拥有的元素个数为：L＝tail−head。现要让排头的元素出队，则需将头指针加 1，即 head＝head+1，这时头指针向上移动一个位置，指向 Q(3)，表示 Q(3)已出队。如果想让一个新元素入队，则需尾指针向上移动一个位置，即 tail＝tail+1，这时 Q(9)入队。当队尾已经处理在最上面时，即 tail＝10，如果还要执行入队操作，则要发生"上溢"，但实际上队列中还有三个空位置，所以这种溢出称为"假溢出"。

克服假溢出的方法有两种，一种是将队列中的所有元素均向低地址区移动，显然这种方法是很浪费时间的；另一种方法是将数组存储区看成是一个首尾相接的环形区域。当存放到 n 地址后，下一个地址就"翻转"为 1。在结构上采用这种技巧来存储的队列称为循环队列。

队列和栈一样只允许在断点处插入和删除元素。

循环队的入队算法如下：

① tail＝tail+1；

② 若 tail＝n+1，则 tail＝1；

③ 若 head=tail，即尾指针与头指针重合了，表示元素已装满队列，则作上溢出错处理；

④ 否则，Q(tail)=X，结束(X 为新入出元素)。

队列和栈一样，有着非常广泛的应用。

注意：有时候队列中还会设置表头结点，就是在队头的前面还有一个结点，这个结点的数据域为空，但是指针域指向队头元素。另外，上面的计算还可以利用下面给出的公式：

$$cq.\ rear=(cq.\ front+1)/max;$$

当有表头结点时，公式变为 cq. rear=(cq. front+1)/(max+1)。

在队列的形成过程中，可以利用线性链表的原理，来生成一个队列。基于链表的队列，要动态创建和删除节点，效率较低，但是可以动态增长。队列采用的 FIFO(first in first out)，新元素(等待进入队列的元素)总是被插入到链表的尾部，而读取的时候总是从链表的头部开始读取。每次读取一个元素，释放一个元素，即所谓的动态创建，动态释放，因而也不存在溢出等问题。由于链表由结构体间接而成，遍历也方便。

初始化队列：Init_ Queue(q)。初始条件：队 q 不存在。操作结果：构造了一个空队。

入队操作：In_ Queue(q, x)。初始条件：队 q 存在。操作结果：对已存在的队列 q，插入一个元素 x 到队尾，队发生变化。

出队操作：Out_ Queue(q, x)。初始条件：队 q 存在且非空。操作结果：删除队首元素，并返回其值，队发生变化。

读队头元素：Front_ Queue(q, x)。初始条件：队 q 存在且非空。操作结果：读队头元素，并返回其值，队不变。

判队空操作：Empty_ Queue(q)。初始条件：队 q 存在。操作结果：若 q 为空队则返回为 1，否则返回为 0。

(3) 链表

链表是一种物理存储单元上非连续、非顺序的存储结构，数据元素的逻辑顺序是通过链表中的指针链接次序实现的。链表由一系列结点(链表中每一个元素称为结点)组成，结点可以在运行时动态生成。每个结点包括两个部分：一个是存储数据元素的数据域，另一个是存储下一个结点地址的指针域。相比于线性表顺序结构，操作复杂。由于不必按顺序存储，链表在插入的时候可以达到 O(1) 的复杂度，但是查找一个节点或者访问特定编号的节点则需要 O(n) 的时间，而线性表和顺序表相应的时间复杂度分别是 O(logn) 和 O(1)。

使用链表结构可以克服数组链表需要预先知道数据大小的缺点，链表结构可以充分利用计算机内存空间，实现灵活的内存动态管理。但是链表失去了数组随机读取的优点，同时链表由于增加了结点的指针域，空间开销比较大。链表最明显的好处就是，常规数组排列关联项目的方式可能不同于这些数据项目在记忆体或磁盘上的顺序，数据的存取往往要在不同的排列顺序中转换。链表允许插入和移除表上任意位置上的节点，但是不允许随机存取。链表有很多种不同的类型：单向链表、双向链表以及循环链表。

　　线性表的链式存储表示的特点是用一组任意的存储单元存储线性表的数据元素（这组存储单元可以是连续的，也可以是不连续的），如图2-10所示。因此，为了表示每个数据元素与其直接后继数据元素之间的逻辑关系，对数据元素来说，除了存储其本身的信息之外，还需存储一个指示其直接后继的信息（即直接后继的存储位置）。由这两部分信息组成一个"结点"，表示线性表中一个数据元素。线性表的链式存储表示，有一个缺点就是要找一个数，必须要从头开始找起，十分麻烦。

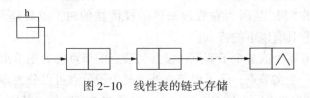

图2-10　线性表的链式存储

　　根据情况，也可以自己设计链表的其他扩展。但是一般不会在边上附加数据，因为链表的点和边基本上是一一对应的（除了第一个或者最后一个节点，但是也不会产生特殊情况）。

　　对于非线性的链表，可以参见相关的其他数据结构，例如树、图。另外有一种基于多个线性链表的数据结构：跳表，插入、删除和查找等基本操作的速度可以达到O(nlogn)，和平衡二叉树一样。

　　其中存储数据元素信息的域称作数据域（设域名为data），存储直接后继存储位置的域称为指针域（设域名为next）。指针域中存储的信息又称作指针或链。由N个结点依次相链接构成的链表，称为线性表的链式存储表示，由于此类链表的每个结点中只包含一个指针域，故又称单链表或线性链表。

　　循环链表与单链表一样，是一种链式的存储结构，所不同的是，循环链表的最后一个结点的指针是指向该循环链表的第一个结点或者表头结点，从而构成一个环形的链。循环链表的运算与单链表的运算基本一致。所不同的有以下几点：

　　在建立一个循环链表时，必须使其最后一个结点的指针指向表头结点，而不是像单链表那样置为NULL。此种情况还使用于在最后一个结点后插入一个新的结点。

在判断是否到表尾时，是判断该结点链域的值是否是表头结点，当链域值等于表头指针时，说明已到表尾。而非像单链表那样判断链域值是否为 NULL。

双向链表其实是单链表的改进。

当我们对单链表进行操作时，有时你要对某个结点的直接前驱进行操作，又必须从表头开始查找。这是由单链表结点的结构所限制的。因为单链表每个结点只有一个存储直接后继结点地址的链域，那么能不能定义一个既有存储直接后继结点地址的链域，又有存储直接前驱结点地址的链域的这样一个双链域结点结构呢？这就是双向链表。

在双向链表中，结点除含有数据域外，还有两个链域，一个存储直接后继结点地址，一般称之为右链域；一个存储直接前驱结点地址，一般称之为左链域。

(4) 树

树是一种数据结构，它是由 $n(n \geqslant 1)$ 个有限节点组成的一个具有层次关系的集合。把它叫作"树"是因为它看起来像一棵倒挂的树，也就是说它是根朝上，而叶朝下的。它具有以下的特点：

每个节点有零个或多个子节点；没有父节点的节点称为根节点；每一个非根节点有且只有一个父节点；除了根节点外，每个子节点可以分为多个不相交的子树。树(tree)是包含 $n(n \geqslant 1)$ 个节点，$(n-1)$ 条边的有穷集，其中：

每个元素称为节点(node)。有一个特定的节点被称为根节点或树根(root)。除根节点之外的其余数据元素被分为 $m(m \geqslant 1)$ 个互不相交的集合 T_1，T_2，……，T_m，其中每一个集合 $T_i(1 \leqslant i \leqslant m)$ 本身也是一棵树，被称作原树的子树(subtree)。

树也可以这样定义：树是由根节点和若干颗子树构成的。树是由一个集合以及在该集合上定义的一种关系构成的。集合中的元素称为树的节点，所定义的关系称为父子关系。父子关系在树的节点之间建立了一个层次结构。在这种层次结构中有一个节点具有特殊的地位，这个节点称为该树的根节点，或称为树根。我们可以形式地给出树的递归定义如下：

单个节点是一棵树，树根就是该节点本身。设 T_1，T_2，……，T_k 是树，它们的根节点分别为 n_1，n_2，……，n_k。用一个新节点 n 作为 n_1，n_2，……，n_k 的父亲，则得到一棵新树，节点 n 就是新树的根。我们称 n_1，n_2，……，n_k 为一组兄弟节点，它们都是节点 n 的子节点。我们还称 T_1，T_2，……，T_k 为节点 n 的子树。

空集合也是树，称为空树，空树中没有节点；

孩子节点或子节点：一个节点含有的子树的根节点称为该节点的子节点；

节点的度：一个节点含有的子节点的个数称为该节点的度；

叶节点或终端节点：度为 0 的节点称为叶节点；

非终端节点或分支节点：度不为 0 的节点；

双亲节点或父节点：若一个节点含有子节点，则这个节点称为其子节点的父节点；

兄弟节点：具有相同父节点的节点互称为兄弟节点；

树的度：一棵树中，最大的节点的度称为树的度；

节点的层次：从根开始定义起，根为第 1 层，根的子节点为第 2 层，以此类推；

树的高度或深度：树中节点的最大层次；

堂兄弟节点：双亲在同一层的节点互为堂兄弟节点；

节点的祖先：从根到该节点所经分支上的所有节点；

子孙：以某节点为根的子树中任一节点都称为该节点的子孙；

森林：$m(m \geqslant 0)$ 棵互不相交的树的集合称为森林。

树的种类有：①无序树。树中任意节点的子结点之间没有顺序关系，这种树称为无序树，也称为自由树。②有序树。树中任意节点的子结点之间有顺序关系，这种树称为有序树。③二叉树。每个节点最多含有两个子树的树称为二叉树。④满二叉树。叶节点除外的所有节点均含有两个子树的树被称为满二叉树。⑤完全二叉树。除最后一层外，所有层都是满节点，且最后一层缺右边连续节点的二叉树称为完全二叉树。⑥哈夫曼树（最优二叉树）。带权路径最短的二叉树称为哈夫曼树或最优二叉树。

定义一棵树的根结点层次为 1，其他结点的层次是其父结点层次加 1。一棵树中所有结点的层次的最大值称为这棵树的深度。

树的表示方法有很多种，最常用的是图像表示法。如图 2-11 所示是一个普通的树（非二叉树）：用括号先将根结点放入一对圆括号中，然后把它的子树按由左至右的顺序放入括号中，而对子树也采用同样的方法处理；同层子树与它的根结点用圆括号括起来，同层子树之间用逗号隔开，最后用闭括号括起来。

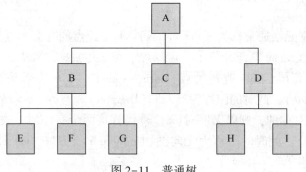

图 2-11　普通树

遍历表达法有 4 种方法：先序遍历、中序遍历、后序遍历、层次遍历，如图 2-12 所示。

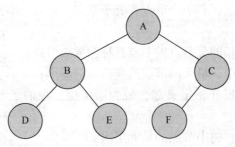

图 2-12　遍历表达

其先序遍历(又称先根遍历)为 ABDECF(根—左—右)。其中序遍历(又称中根遍历)为 DBEAFC(左—根—右)(仅二叉树有中序遍历)。其后序遍历(又称后根遍历)为 DEBFCA(左—右—根)。其层次遍历为 ABCDEF(同广度优先搜索)。

(5) 图

图(Graph)是较线性表和树更为复杂的一种数据结构。在线性表中，数据元素之间是线性关系，每个数据元素均只有一个直接前驱和一个直接后继；在树形结构中，数据元素之间有着明显的层次关系，并且每一层上的数据元素可能和下一层中的多个元素(即其孩子结点)相关，但只能和上层中的一个元素(即其双亲结点)相关；而在图形结构中，结点之间的关系可以是任意的，图中任意两个数据元素之间都可能相关。因此，图的应用极其广泛，在交通运输、工程计划分析、运筹学、统计学、遗传学甚至社会科学中，图都有重要的应用。这主要是由于在科学和工程问题中，经常要处理一些数据对象之间的任意关系，而图正是描述这类数据关系的有效工具。

图是一种数据结构，它的形式化定义为

$$Graph = (V, R)$$

其中，$V = \{x \mid x \in 数据对象\}$；

$R = \{RV\}$；

图中的数据元素通常称为顶点(Vertex)，V 是顶点的有穷非空集合，VR 是两个顶点之间的关系的集合。若 $<v, w> \varepsilon VR$，则 $<v, w>$ 表示从 v 到 w 的一条弧(Arc)，称 v 为弧尾(Tail)或初始点(Initial Node)，称 w 为弧头(Head)或终端点(Terminal Node)，此时的图称为有向图(Digraph)。若 $<v, w> \varepsilon RV$ 必有 $<w, v> \varepsilon RV$，即 RV 是对称的，则以无序对 (w, v) 代替这两个有序对，表示 v 和 w 之间的一条边(Edge)，此时的图称为无向图(Undigraph)。$P(v, w)$ 则表示从 v 到 w 的一条单向通路。

图 2-13(a)所示的 G_1 是有向图。

$$G_1 = (V_1, \{A_1\})$$

其中，$V_1 = \{v_1, v_2, v_3, v_4\}$；$A_1 = \{<v_1, v_2>, <v_1, v_3>, <v_3, v_4>, <v_4, v_1>\}$。

图 2-13(b)所示的 G_2 是无向图。

$$G_2 = (V_2, \{E_1\})$$

其中，$V_2 = \{v_1, v_2, v_3, v_4, v_5\}$；$E_2 = \{(v_1, v_2), (v_1, v_4), (v_2, v_3), (v_2, v_5), (v_3, v_4)\}$。

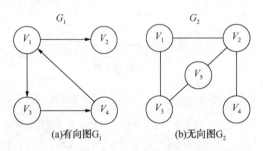

(a)有向图G_1　　　　(b)无向图G_2

图 2-13　有向图和无向图

我们用 n 表示图中顶点的数目，用 e 表示边或弧的数目。在下面的讨论中，不考虑顶点到自身的边或弧，即若 $<v_i, v_j> \epsilon RV$，则 $v_i \neq v_j$，那么，对于无向图，e 的取值范围是 $0 \sim \frac{1}{2}n(n-1)$。有 $\frac{1}{2}n(n-1)$ 条边的无向图称为完全图(Completed Graph)。对于有向图，e 的取值范围是 $0 \sim n(n-1)$。有 $n(n-1)$ 条边的有向图称为有向完全图。有很少条边或弧如 ($e<n\log n$) 的图称为稀疏图(Spares Graph)，反之称为稠密图(Dense Graph)。

1）顶点的度

顶点的入度(In Degree)：以顶点 v 为头（或终点）的弧的数目称为顶点的入度，记为 $ID(v)$。

顶点的出度(Out Degree)：以顶点 v 为尾（或初始点）的弧的数目称为顶点的出度，记为 $OD(v)$。

顶点的度(Total Degree)：所有与顶点 v 关联的边的数目称为顶点的度，记为 $TD(v)$。

可以证明：

$$TD(v) = ID(v) + OD(v)$$

一般的，如果顶点 v_i 的度记为 $TD(v_i)$，那么，一个有 n 个顶点、e 条边或弧的图，满足以下关系：

$$e = \frac{1}{2} \sum_{i=1}^{n} TD(v_i)$$

2）子图

假设有两个图 $G=(V,\{E\})$ 和 $G'=(V',\{E'\})$，如果 $V' \subseteq V$ 且 $E' \subseteq E$，则称 G' 为 G 的子图（Subgraph）。图 2-14（a）所示的是 G_1 的子图，图 2-14（b）所示的是 G_2 的子图。

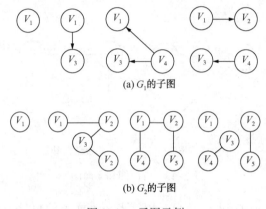

(a) G_1的子图

(b) G_2的子图

图 2-14　子图示例

3）路径

路径指从一个顶点 v 到另一个顶点 v' 所经过的顶点序列。该序列（$v=v_{i,0}$，$v_{i,1}$，……，$v_{i,m}=v'$），其中（$v_{i,j-1}$，$v_{i,j}$）ϵE，$1 \leqslant j \leqslant m$。如果 G 是有向图，则路径也是有向的，顶点序列$<v_{i,j-1}$，$v_{i,j}>\epsilon R$，$1 \leqslant j \leqslant m$。

路径长度：路径上所经过的边或弧的数目。

回路或环：第一个结点和最后一个结点相同的路径。

简单路径：顶点序列中顶点不重复出现的路径。

4）连通图

连通图（Connected Graph）：在无向图 G 中，如果从顶点 v 到 v' 有路径，则称 v 和 v' 是连通的。如果对于图中的任意两个顶点v_i，$v_j \epsilon V$，v_i 和 v_j 都是连通的，则称 G 是连通的。图 2-15（b）中的G_2就是一个连通图，图中任意两个顶点之间都是连通的；图 2-15（a）中的G_3则是非连通图。

连通分量（Connected Component）：指无向图中的极大连通子图。所谓极大连通子图即任意增加结点或边所得到的子图都不连通，图 2-15（b）所示为G_3的三个连通分量。

强连通图：在有向图 G 中，如果对于每一对v_i，$v_j \epsilon V$，$v_i \neq v_j$，从v_i到v_j和从v_j到v_i都存在路径，则称 G 是强连通图。

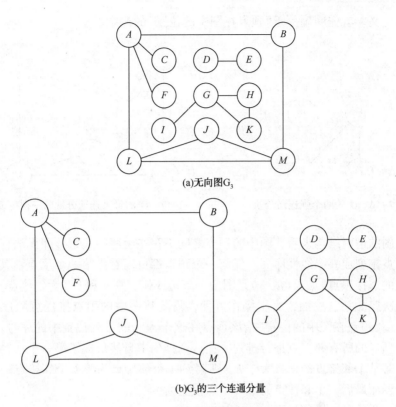

(a)无向图G_3

(b)G_3的三个连通分量

图 2-15　无向图及其连通分量

强连通分量：指有向图中的极大强连通子图。图 2-13（a）中的G_1的两个强连通分量如图 2-16 所示。

5）生成树

一个连通图的生成树是一个极小连通子图，它含有图中全部顶点，但只有足以构成一棵树的$n-1$条边。图 2-17 所示的是图 2-15（a）中的G_3中的最大连通分量的一棵生成树。如果在一棵生成树上添加一条边，则必定构成一个环，因为这条边使得它依附的那两个顶点之间有了第二条路径。一棵有n个顶点的生成树有且仅有$n-1$条边。如果一个图有n个顶点且有小于$n-1$条边，则是非连通图。如果它有多于$n-1$条边，则一定有环。但是，有$n-1$条边的图不一定是生成树。

权：与图的边或弧有关的数，用于表示从一个顶点到另一个顶点的距离或耗费。

网络：带权的图称为网络。

6）图的基本操作

和其他结构相同，图的基本操作也包括查找、插入和删除等。为了给出确切的操作定义。首先明确关于"顶点在图中的位置"的概念。

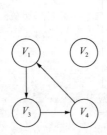

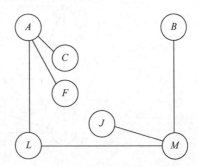

图 2-16 G_1 的两个强连通分量   图 2-17 G_3 的最大连通分量的一棵生成树

由图的逻辑结构来看，图中的顶点之间不存在全序的关系，即无法将图中的各个顶点排列成一个线性序列。任何一个顶点都可以看作第一个顶点；其次，任何顶点的邻接顶点[如果 (u, v) 是图中一条边或弧，则 u 和 v 互为邻接点]之间也不存在次序关系。然而，为了操作方便，需要将图中的顶点按任意顺序排列起来。所谓"顶点在图中的位置"指该顶点在这个人为的排列位置中的序号。同理，对某个顶点的所有邻接点进行排列，在这个排列中自然形成了第一个或第 k 个邻接点。若某个邻接点的个数大于 k，则第 $k+1$ 个邻接点为第 k 个邻接点的下一个邻接点，而最后一个邻接点的下一个邻接点为"空"。

图的几种基本操作如下：

① 顶点定位函数：确定顶点 v 在图 G 中的位置。若图中有此顶点，则函数返回其序号；若无此顶点，则函数返回 0。

② 取顶点函数：求图 G 中第 i 个顶点的值。若 i 大于图 G 中的顶点数，则函数值为"空"。

③ 求第一个邻接点函数：求图 G 中顶点 v 的第一个邻接点位置。若 v 没有邻接点或图 G 中无顶点 v，则函数值为"空"。

④ 求下一个邻接点函数：已知 w 为图 G 中顶点 v 的某个邻接点，求顶点 w 的下一个邻接点。若 w 已经是 v 的最后一个邻接点，则函数值为"空"。

⑤ 插入顶点操作：在图 G 中增添一个顶点 u 为图 G 的第 $n+1$ 个顶点，其中 n 为插入之前图 G 中顶点的个数。

⑥ 插入边或弧操作：在图 G 中增添一条从顶点 v 到顶点 w 的边或弧。

⑦ 删除顶点操作：从图 G 中删除顶点 v 以及与顶点 v 相关联的弧。

⑧ 删除边或弧操作：在图 G 中删除一条从顶点 v 到顶点 w 的边或弧。

在给定图的情况下，经常使用的操作是①～④，由于⑤～⑧涉及图的修改，一般情况下不使用，所以可以将它们定义为抽象类的纯虚函数成员，在具体使用时，再在其继承类中定义其功能。

7) 图的存储表示

邻接矩阵，在存储邻接矩阵表示中，用两个数组分别表示存储数据元素(顶点)的信息和数据元素之间的关系(边或弧)的信息。

建立一个顶点表，记录各个顶点的信息。如果用一个一维数组顺序存放，则 $G.Vex[i]$ 存放的是第 i 个顶点的有关信息。

建立一个用于表示各个顶点之间关系的矩阵，称为邻接矩阵，用一个二维数组存放。若设图 $G=\{V,\{VR\}\}$ 有 n 个顶点，其邻接矩阵即为 n 阶方阵，定义如下：

$$G.edge[i][j]=\begin{cases}1, & 如果<i,j>\in VR 或 (i,j)\in VR\\0, & 如果<i,j>\notin VR 或 (i,j)\notin VR\end{cases}$$

无向图的邻接矩阵为对称矩阵。将第 i 行的元素值或第 i 列的元素值累加起来即可得到顶点 i 的度。图 2-18(a) 所示的是无向图 G_5 及其邻接矩阵。

有向图的邻接矩阵则不一定对称。如果 $G.edge[i][j]=1$，则表示有一条从顶点 i 到顶点 j 的有向边，将第 i 行的所有元素值累加起来即可得到顶点 i 的出度，将第 j 列的所有元素值累加起来即可得到顶点 j 的入度。图 2-18(b) 所示的是有向图 G_6 及其邻接矩阵。

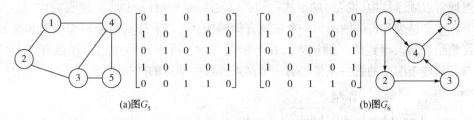

(a)图 G_5　　　　　　　　　　(b)图 G_6

图 2-18　图及其邻接矩阵

对于网络(或带权图)，邻接矩阵的定义如下：

$$G.edge[i][j]=\begin{cases}W[i][j], & 如果<i,j>\in VR 或 (i,j)\in VR\\\infty, & 如果<i,j>\notin VR 或 (i,j)\notin VR\end{cases}$$

其中，$W[i][j]$ 表示弧 $<i,j>$ 或边 (i,j) 上的权值。将第 i 行所有权值 $W[i][j]\neq\infty$ 的顶点个数统计出来即可得到顶点 i 的出度；将第 j 列所有权值 $W[i][j]\neq\infty$ 的顶点个数统计出来即可得到顶点 j 的入度。网络的邻接矩阵如图 2-19 所示。

图 2-19　网络(G_6)的邻接矩阵

在这种存储结构上，容易实现图的一些基本操作。例如，查找 v 的第一个邻接点。首先由顶点定位函数找到 v 在图 G 中的位置，即 v 在第一个数组 Vex 中的序号 i，则在二维数组 Edge 中的第 i 行上的第一个值为"1"的分量所在的列号 j，便是 v 的第一个邻接点在 G 中的位置。其他操作同理。

邻接表，当图中的边数少于顶点的个数时，邻接矩阵中会出现大量的 0 或 ∞ 元素，将耗费大量的存储单元。为此，可以将邻接矩阵的 n 行改为 n 个单链表。邻接表是图的一种链式存储结构。在邻接表中，对图中的每个顶点建立一个单链表，第 i 个单链表中的结点表示依附于顶点 v_i 的边[对有向图是指以顶点 v_i 为初始点(或尾)的弧]。单链表中的结点(又称边结点)及其表头结点(也是顶点向量表元素)的情况如下：

边结点　　　　　　　　　　　　表头结点

dest	cost	next

data	link

每个边结点由三个域组成，dest 域表示与顶点 v_i 邻接的边上的另一个顶点在图中的位置；next 域表示与 v_i 邻接的下一条边的顶点所对应的指针；cost 域用于存储和边或弧相关联的信息，对于网络(或带权图)而言，其代表权值。

在表头结点中，设有一个链域 link 指向链表中的第一个结点(即顶点 v_i 的第一个邻接点)，还设有一个数据域 data 用于存放顶点 v_i 的有关信息。这些表头结点通常以顺序结构(向量)的形式存储，以便随机访问任一顶点的链表。

十字链表是有向图的另一种链式存储结构，可以看作将有向的邻接表和逆邻接表结合起来得到的一种链表。在十字链表中，有向图的每一个顶点有一个结点，对应于图中的每一条弧也有一个结点。这些结点的结构如下：

弧结点　　　　　　　　　　　　顶点结点

tailvex	headvex	hlink	tlink

data	fiestin	fiestout

邻接多重表是无向图的另一种链式存储结构。虽然邻接表是无向图的一种非常有效的存储结构，在邻接表中容易求得顶点和边的各种信息。但是在邻接表中每条边 (v_i, v_j) 有两个结点，分别在第 i 个和第 j 个链表中，这给某些图的操作带来了不便。因此，在需要对无向图进行边的操作时，采用邻接多重表作为存储结构更为适宜。邻接多重表的结构与十字链表的结构类似，每一条边对应一个结点表示，每一个顶点也对应一个结点表示。

8）图的遍历

图的遍历和树的遍历类似，是指从图的某一顶点出发，访问图中的其他顶点，且使每一个顶点仅被访问一次。图的遍历算法是求解图的连通性、拓扑排序和求关键路径等算法的基础。然而，图的遍历比树的遍历复杂得多。因为图的任一顶点都可能和其余的顶点相邻接，所以在访问了一个顶点之后，可能沿着某条路径搜索之后，又回到该顶点上。为了避免同一顶点被访问多次，在遍历图的过程中，必须记下每个已访问过的顶点。为此，可设置一个标志顶点是否被访问过的辅助数组 visited[ ]，它的初始状态是 0，在图的遍历过程中，一旦某个顶点已被访问过，就立即置 visited[i] 为 1，防止它被多次访问。根据面向对象编程思想，还可以考虑将顶点是否被访问的标记封装到顶点类中，使得程序结构更紧凑。

图的遍历通常有两种方法：一种是深度优先搜索（Depth First Search，DFS），另一种是广度优先搜索（Breadth First Search，BFS）。这两种方法既适用于无向图，又适用于有向图。下面介绍图类中需要增加的数据和函数说明。另外，visited[ ]数组的大小分配和初始化可以在相应的构造函数中完成，在此不再赘述。

深度优先搜索遍历类似于树的先根遍历，是树的先根遍历的推广。假设初始状态是图中所有顶点未曾被访问，则深度优先搜索可从图中某个顶点v_i出发，访问此顶点，然后依次从v_i的未被访问的邻接点出发深度优先遍历图，直至图中所有和v_i有路径相通的顶点都被访问到；若此时图中尚有顶点未被访问，则另选图中一个未曾被访问的顶点作为起点，重复上述过程，直至图中所有顶点都被访问到为止。

以图 2-20(a)中无向图G_6为例，深度优先搜索遍历图的过程如图 2-20(b)所示。图中各顶点旁边附加的数字表明了各顶点访问的次序。由深度优先搜索过程中访问过的所有顶点和遍历时所经过的边形成的图称为原图的深度优先生成树。深度优先搜索递归算法如下：

```
Template < class T, class VerType>
void Graph < T, VerType >:: dfs( int v)
{   cout <<getdata(v)<<″;
    visited[v] = 1;
    int w = getfirstedge(v);
    while(w! =-1)
    { if( ! visited[w]) dfs(w);
        w = getnextedge(v, w);
    }
}
```

广度优先搜索遍历类似于树的按层次遍历的过程。

假设从图中某个顶点v_i出发，在访问了v_i之后依次访问v_i的各个未曾访问过的邻接点，然后分别从这些邻接点出发依次访问它们的邻接点，并使"先被访问的

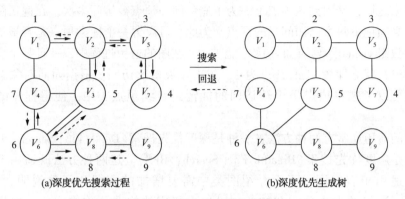

(a)深度优先搜索过程   (b)深度优先生成树

图 2-20　深度优先搜索的示例

顶点的邻接点"先于"后被访问的顶点的邻接点"被访问，直至图中所有已被访问的顶点的邻接点都被访问到。图 2-21 是广度优先搜索的示例。图中尚有顶点未被访问，则另选图中一个未曾被访问的顶点作为起点，重复上述过程，直至图中所有顶点都被访问到为止。换句话说，广度优先搜索遍历图的过程以 v_i 为起点，由近至远，依次访问和 v_i 有路径相通且路径长度为 1，2……的顶点。图 2-21(a)给出一个从顶点 V_1 出发进行广度优先搜索的例子。图中各顶点旁边附加的数字表明了顶点访问的顺序。图 2-21(b)给出了图 2-20(a)经由广度优先搜索得到的广度优先生成树，它由遍历时访问过的 n 个顶点和遍历时经历的 $n-1$ 条边组成。

　　广度优先搜索是一种分层的搜索过程，如图 2-21(a)所示，每向前走一步可能访问一批顶点，不像深度优先搜索那样有回退的情况，因此，广度优先搜索不是一个递归过程，其算法也不是递归的。为了实现逐层访问，算法中使用了一个队列，来记忆正在访问的这一层和上一层的顶点，以便向下一层访问。另外，与深度优先搜索过程一样，为了避免重复访问，需要使用一个辅助数组 visited[ ]，给被访问过的顶点加标记。下面给出广度优先搜索的算法：

```
Template < class T, class VerType>
void Graph < T, VerType >∷ bfs(int v)
{    cout <<getdata(v);
     visited[v] = 1;
     Queue < int >q;
     q. enqueue(v);
     while( ! q. isempty( ))
     { v = q. dequeue(v);
     int w = getfirstedge(v);
     while(w! =-1)
```

```
{   if( ! visited[ w ] )
    {   cout <<getdata( w ) ;
        visited[ w ] = 1 ;
        q. enqueue( w ) ;
    }
    w = GetNextEdge( v, w ) ;
    }

    }

}
```

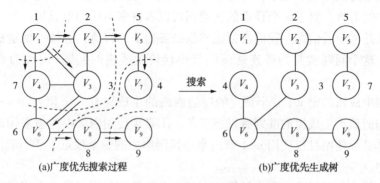

(a)广度优先搜索过程   (b)广度优先生成树

图 2-21　广度优先搜索

9) 图的连通性与最小生成树

在这一节中，将利用遍历图的算法求解图的连通性问题，并讨论最小代价生成树以及重连通性与通信网络的经济性和可靠性的关系。

在对无向图进行遍历时，对于连通图，仅需要从图中任一顶点出发，进行深度优先搜索或广度优先搜索，便可访问到图中所有顶点。对于非连通图，则需从多个顶点出发进行搜索，而每一次从一个新的起始点出发进行搜索过程得到的顶点访问序列恰为其各个连通分量的顶点集。例如，设某连通图 G，$E(G)$ 为 G 中所有边的集合，则从图中任一顶点出发遍历图 G 时，必定将 $E(G)$ 分成两个集合 $T(G)$ 和 $B(G)$，其中 $T(G)$ 是遍历过程中历经的边的集合，$B(G)$ 是剩余的边的集合，则 $T(G)$ 和图 G 中的所有顶点一起构成连通图 G 的极小连通子图，根据前一小节的定义，它是连通图的一棵生成树。由深度优先搜索得到的生成树称为深度优先生成树，由广度优先搜索得到的生成树称为广度优先生成树。对于非连通图，每个连通分量的顶点集合和遍历时得到的边的集合一起构成若干棵生成树，这些连通分量的生成树组成非连通图的生成森林。

由前面的讲述可知，一个连通图的生成树是原图的极小连通子图，它包含原图中的所有顶点和尽可能少的边。这意味着对于生成树来说，如果再去掉一条边，就会使生成树变成非连通图；如果增加一条边，就会形成一个带回路的图。另外，使用不同的遍历方法或者从不同的顶点出发，都可能得到不同的生成树。

对于一个带权的连通图（即网络），如果找出一棵生成树，使得各边上的权值总和达到最小，这是一个具有实际意义的问题。例如，在 n 个城市之间建立通信网络，至少要架设 $n-1$ 条线路，而最多可能 $n(n-1)/2$ 条线路，那么，如何在这些可能的线路中选取 $n-1$ 条，使得总耗费最少呢？

可以用连通图来表示 n 个城市以及 n 个城市之间可能设置的通信线路。我们可以用网络的顶点表示城市，用边表示两个城市之间的线路，用边的权值表示架设该线路的造价。对于 n 个顶点的连通图可以有许多不同的生成树，每一棵生成树都可以是一个通信网。我们希望能够根据各边上的权值，选择一棵造价最小的生成树。这个问题就是构造连通图的最小代价生成树的问题（简称为最小生成树）。

按照生成树的定义，n 个顶点的连通网络的生成树有 n 个顶点和 $n-1$ 条边，因此，构造最小生成树的准则有以下三条：①必须使用网络中的边来构造最小生成树。②必须使用且仅使用 $n-1$ 条边来连接网络中的 n 个顶点。③不能使用产生回路的边。

构造最小生成树可以有多种算法。其中多数算法利用了最小生成树的下列简称为 MST 的性质：假设 $N=(V, \{E\})$ 是一个连通网，U 是顶点集 V 的一个非空子集。若 (u, v) 是一条具有最小权值（代价）的边，其中 $u \in U$，$v \in V-U$，则必存在一棵包含边 (u, v) 的最小生成树。Prim（普里姆）算法和 Kruskal（克鲁斯卡尔）算法是两个利用 MST 性质构造最小生成树的典型算法。

2.1.5　ctype. h 介绍与应用

ctype. h 是 C 语言标准库函数中的一个与字符处理有关的头文件，它包含了一系列用于检测和转换单个字符的函数。其中的函数都只有一个参数，就是要检测或者要转换的字符，并且这个参数的类型是 int，可以表示一个有效字符或无效字符。它的函数返回值也都是 int 类型，可以表示一个有效字符，或一个无效字符，或一个布尔值（0 值表示"假"，非 0 值表示"真"）。

以下是 ctype. h 头文件的内容：

```
#ifndef __ CTYPE_ H__
#define __ CTYPE_ H__
#pragma SAVE
#pragma REGPARMS
```

```
extern bit     isalpha (unsigned char);
extern bit     isalnum (unsigned char);
extern bit     iscntrl (unsigned char);
extern bit     isdigit (unsigned char);
extern bit     isgraph (unsigned char);
extern bit     isprint (unsigned char);
extern bit     ispunct (unsigned char);
extern bit     islower (unsigned char);
extern bit     isupper (unsigned char);
extern bit     isspace (unsigned char);
extern bit     isxdigit (unsigned char);
extern unsigned char     tolower (unsigned char);
extern unsigned char     toupper (unsigned char);
extern unsigned char     toint (unsigned char);
#define _ tolower(c) ( (c)-'A'+'a' )
#define _ toupper(c) ( (c)-'a'+'A' )
#define toascii(c)   ( (c) & 0x7F )
#pragma RESTORE
#endif
```

该头文件中具体包含的函数见表 2-2。

表 2-2　ctype. h 包含的函数

函数名	功能	函数名	功能
isalnum	判断是否为字母数字	isgraph	判断是否为图形字符
isalpha	判断是否为字母	isspace	空格字符
islower	判断是否为小写字母	isblank	空白字符
isupper	判断是否为大写字母	isprint	可打印字符
isdigit	判断是否为数字	ispunct	标点
Isxdigit	判断是否为 16 进制数字	tolower	转换为小写
iscntrl	判断是否为控制字符	toupper	转换为大写

(1) isalnum 函数

int isalnum( )函数是用来检测一个字符是否是字母或者十进制数字的。要检测的字符它可以是一个有效的字符(被转换为 int 类型),也可以是 EOF(表示无效的字符)。函数返回值为非零(真)表示被检测的内容是字母或者十进制数字,返回值为零(假)表示被检测的内容不是字母,也不是十进制数。如果仅仅检测一个字符是否是字母,可以使用 isalpha( )函数;如果仅仅检测一个字符是否是十进制数字,可以使用 isdigit( )函数如果一个字符被 isalpha( )或者 isdigit( )检测后返回"真",那么它被 isalnum( )检测后也一定会返回"真"。标准 ASCII 编码共包含了 128 个字符,不同的字符属于不同的分类。例如统计一段字符串有多少个字母或数字,程序如下:

```c
#include <stdio. h>
#include <ctype. h>
int main ( )
{
    int i=0, n=0;
    char str[ ] =" * ab%c123_ ABC-. ";
    while(str[i])
    {
        if( isalnum(str[i]) ) n++;
        i++;
    }
    printf("There are %d characters in str is alphanumeric. \ n", n);

    return 0;
}
```

程序中加入 ctype. h 头文件,才可以使用 isalnum 函数,该程序中有一段字符串 * ab%c123_ ABC-.,其中包括字母、数字和符号,我们利用该函数便可以辨认出其中的字母与数字,通过 if 语句,就可以筛选出字母与数字数量,用 printf 打印函数便可以把统计结果打印出来,运行该程序我们会看到输出结果为"There are 9 characters in str is alphanumeric"显示该段字符串中包含有 9 个字母与数字,与我们看到的实际情况一致。

(2) isalph( )函数

用于判断字符 ch 是否为英文字母,默认情况下字母包括 26 个大写字母和 26 个小写字母。返回值非 0(小写字母为 2,大写字母为 1),若不是字母返回值 0。在标准 C 语言中相当于使用"isupper(ch) || islower(ch)"做测试。例如下面判断 reg51. h 这段字符中是否有字母,我们可以这样用:

```c
#include <stdio. h>
#include <ctype. h>
```

```c
int main ( ) {
    int i = 0;
    char str[ ] = "reg51. h";
    while ( str[i] )
    {
        if ( isalpha( str[i] ) ) printf ( "character %c is alphabetic \ n", str[i] );
        else printf ( "character %c is not alphabetic \ n", str[i] );
        i++;
    }
    return 0;
}
```

程序运行结果会显示为这样：

characterr is alphabetic

character e is alphabetic

character g is alphabetic

character 5 is not alphabetic

character 1 is not alphabetic

character. is not alphabetic

character h is alphabetic

（3）iscntrl 函数

iscntrl( ) 函数用来检测一个字符是否是控制字符(Control Character)。控制字符是指那些具有某种特殊功能、不会显示在屏幕上、不会占用字符位置的特殊字符。控制字符和可打印字符是相对的，可打印字符是指那些会显示在屏幕上、会占用字符位置的"普通"字符。要检测一个字符是否是可打印字符，需使用 isprint( ) 函数。默认情况下，C 语言使用的是 ASCII 编码，控制字符的范围是 0x00(NUL) ~0x1f(US)，再加上一个 0x7f(DEL) 字符。其返回值为非 0(真) 表示被检测字符是控制字符，返回值为 0(假) 表示被检测字符不是控制字符。

（4）isdigit( ) 函数

isdigit( ) 函数用来检测一个字符是否是十进制数字，十进制数字包括 0~9 这 10 个数字，返回值为非 0(真) 表示被检测字符是十进制数字，返回值为 0(假)，表示被检测字符不是十进制数字。检测"510ad"这串字符中有无十进制数字程序如下：

```c
#include <stdio. h>
#include <stdlib. h>
```

```
#include <ctype. h>
int main ( ) {
    char str[ ] = "510ad";
    int year;
    if (isdigit(str[0]))
    {
        year = atoi (str);
        printf ("The year that followed %d was %d. \ n", year, year+1);
    }
    return 0;
}
```

运行该程序我们会得到结果"The year that followed 510 was 511"。程序中的 isdigit( )函数用来检测 str 字符串的首个字符是否是十进制数字，如果是，就调用 atoi( )函数将 str 转换为整数。

(5) isgraph( )函数

isgraph( )函数用来检测一个字符是否是图形字符。在可打印字符(isprint( ) 返回"真"的字符)中，绝大部分字符既会占用一个字符位置，又会在屏幕上显示出来，这些字符就是图形字符。但是有个别的字符只占用位置却不显示，在 ASCII 编码中，这样的字符只有一个，就是空格。对于计算机来说，我们在显示器上看到的所有元素(包括图片、文字、背景、动画等)其实都是图形，计算机都需要把它们绘制出来，只不过文字和图片在操作上有很大的不同，我们在使用时一般不会将文字作为图形对待。我们说一个字符是图形字符，就是说这个字符需要在显示器上绘制出来，而空格、换行、Tab 缩进等字符只会占用输出的位置，不需要绘制。图形字符与其他字符的关系为：iscntrl( )、isspace( )、isblank( ) 的字符肯定不是 isgraph( ) 的字符，isupper( )、islower( )、isalpha( )、isdigit( )、isalnum( ) 的字符肯定是 isgraph( ) 的字符，isgraph( ) 的字符肯定是 isprint( ) 的字符。

输出一个文本文件中所有的图形字符：

```
#include <stdio. h>
#include <ctype. h>
int main ( )
{
    FILE * pFile;
    int c;
```

```
pFile=fopen ("myfile. txt","r");
if (pFile)
{
    do {
        c=fgetc (pFile);
        if (isgraph(c)) putchar (c);
    } while (c ! = EOF);
    fclose (pFile);
}
}
```

这段代码使用 do-while 循环来遍历 myfile. txt 中的所有字符，如果当前字符是图形字符，那么就输出，否则就不输出。

（6）isprint( )函数

isprint( )函数用来检测一个字符是否是可打印字符(Printable Character)。可打印字符是指那些会显示在屏幕上、会占用字符位置的"普通"字符。可打印字符和控制字符是相对的，控制字符是指那些具有某种特殊功能、不会显示在屏幕上、不会占用字符位置的"特殊"字符。要检测一个字符是否是控制字符，需使用 iscntrl( ) 函数。

返回值为非零(真)表示是可打印字符，返回值为零(假)表示不是可打印字符。

例如要输出一个字符串中的所有可打印字符。程序如下：

```
#include <stdio. h>
#include <ctype. h>
int main ( ){
    int i=0;
    char str[ ] ="first line \ n second line \ n third line";
    while(str[i])
    {
        if(isprint(str[i])) putchar (str[i]);
        i++;
    }
    return 0;
}
```

运行程序，我们会得到结果"first line second line third line"。可以看到该函数

是将 char str[ ]字符串中的可打印字符打印在屏幕上。

(7) ispunct( )函数

ispunct( )函数用来检测一个字符是否是标点符号。返回值为非零(真)表示是标点符号，返回值为零(假)表示不是标点符号。例如要统计一段文本中标点符号的个数，程序可以这样写：

```c
#include <stdio. h>
#include <ctype. h>
int main ( ){
    int i=0;
    int cx=0;
    char str[ ] ="Hello, welcome!";
    while ( str[i] ){
        if ( ispunct( str[i] ) ) cx++;
        i++;
    }
    printf ("Sentence contains %d punctuation characters. \ n", cx);
    return 0;
}
```

运行程序，我们会得到结果"Sentence contains 2 punctuation characters"。表示被检测字符串中有两个标点符号。

(8) islower( )函数

islower( )函数用来检测一个字符是否是小写字母。在默认情况下，小写字母包括a~z要检测的字符。它可以是一个有效的字符(被转换为 int 类型)，也可以是 EOF(表示无效的字符)。返回值为非零(真)表示是小写字母，返回值为零(假)表示不是小写字母。关于应用，我们可以判断字符串中的字符是否是小写字母，如果是，那么转换为大写字母。程序这样写：

```c
#include <stdio. h>
#include <ctype. h>
int main ( ){
    int i=0;
    char str[ ] ="C python. \ n";
    char c;
    while ( str[i] ){
        c=str[i];
```

```
        if (islower(c)) c=toupper(c);
        putchar (c);
        i++;
    }
    return 0;
}
```

程序中加入<ctype. h>头文件，然后利用 islower( )函数判断是否为小写，之后再用 toupper( )函数将其转换为大写字母[toupper( )函数也是 ctype. h 头文件中的函数，后面会提到]。运行程序结果为 C PYTHON。

(9) isupper( )函数

isupper( )函数与 islower( )函数类似，是用来检测一个字符是否是大写字母的，而 islower( )是检测小写字母的。在默认情况下，大写字母包括 A ~ Z。返回值为非零(真)表示是大写字母，返回值为零(假)表示不是大写字母。同样我们可以更改上面的程序用来检测字符串是否是大写字母并将其转换为小写字母，转换函数为 tolower( )。

(10) isspace( )函数

isspace( )函数用来检测一个字符是否是空白符。在默认情况下，空白符包括：

字符	ASCII 码	说明(缩写)
' '	0x20	空格(SPC)
'\t'	0x09	水平制表符(TAB)
'\n'	0x0a	换行符(LF)
'\v'	0x0b	垂直制表符(VT)
'\f'	0x0c	换页(FF)
'\r'	0x0d	回车(CR)

我们检测字符串中是否存在空白字符，如果存在将其转换为换行符，程序如下：

```
#include <stdio. h>
#include <ctype. h>
int main ( ){
    char c;
    int i=0;
```

```
char str[ ] = "Example Sentence To Test Isspace \ n";
while ( str[ i ] ) {
    c = str[ i ];
    if ( isspace( c ) ) c = ´\ n´;
    putchar ( c );
    i++;
}
return 0;
}
```

我们可以看到被检测字符串中包含有 SPC 这个空白符，根据要求我们运行程序结果为：

Example
Sentence
To
Test
Isspace

(11) isxdigit( )函数

isxdigit( )用来检测一个字符是否是十六进制数字。要检测的字符，它可以是一个有效的字符(被转换为 int 类型)，也可以是 EOF(表示无效的字符)。返回值为非零(真)表示是十六进制数字，返回值为零(假)表示不是十六进制数字。用法如下：

```
#include <stdio. h>
#include <stdlib. h>
#include <ctype. h>
int main ( ) {
    char str[ ] = "fBdE";
    long int number;
    if ( isxdigit( str[0] ) ) {
        number = strtol ( str, NULL, 16 );
        printf ( "The hexadecimal number %lx is %ld. \ n", number, number );
    }
    return 0;
}
```

程序运行结果为"The hexadecimal number fbde is 64478"。程序中，isxdigit( )

用来检测 str 字符串中第 0 个字符是否是有效的十六进制数字，如果是就使用 str-tol( )函数将 str 字符转换成为十进制数字。

（12）tolower( )函数

tolower( )函数用来将大写字母转换为小写字母。只有当参数 c 是一个大写字母，并且存在对应的小写字母时，这种转换才会发生。默认情况下字母包括 26 个英文字母。如果转换成功，那么返回与参数对应的小写字母；如果转换失败，那么直接返回参数（值未变）。这里需要注意一下，其返回值为 int 类型，可能需要隐式或者显式地将它转换为 char 类型。具体用法我们可以看下面这个简单的程序：

```
#include <stdio. h>
#include <ctype. h>
int main ( ){
    int i=0;
    char str[ ] ="C51regH \ n";
    char c;
    while ( str[ i ] ){
        c=str[ i ];
        putchar (tolower(c));
        i++;
    }
    return 0;
}
```

运行程序结果为"C51regh"。我们可以看到用这个函数，它会把字符串中的所有大写字母转换为小写字母，而小写字母不变化。

（13）toupper( )函数

toupper( )函数用来将小写字母转换为大写字母。只有当参数 c 是一个小写字母，并且存在对应的大写字母时，这种转换才会发生。该函数用法与上一个大写字母转换为小写字母的 tolower( )函数用法相同。

2.1.6　intrins. h 介绍与应用

该头文件用于程序设计，一般在 C51 单片机编程中常用，INTRINS. H 这个头文件中的函数包括一些左移右移的函数，使用起来，就会像用汇编语言一样简便。文件内容如下：

```
#ifndef __ INTRINS_ H__
```

```
#define __ INTRINS_ H__
extern void            _ nop_         (void);
extern bit             _ testbit_     (bit);
extern unsigned char _ cror_          (unsigned char, unsigned char);
extern unsigned int  _ iror_          (unsigned int,    unsigned char);
extern unsigned long _ lror_          (unsigned long, unsigned char);
extern unsigned char _ crol_          (unsigned char, unsigned char);
extern unsigned int  _ irol_          (unsigned int,    unsigned char);
extern unsigned long _ lrol_          (unsigned long, unsigned char);
extern unsigned char _ chkfloat_ (float);
extern void            _ push_     (unsigned char _ sfr);
extern void            _ pop_      (unsigned char _ sfr);
#endif
```

(1) _ nop_ 函数

这是一个空语句函数，函数原型是：extern void _ nop _ (void)；在标准的 C 语言编程中是没有空语句的，但是在单片机的 C 语言编程中，经常需要用到几个空指令来产生短时间的延时效果。在 keil C51 中，直接调用库函数：

```
#include<intrins. h>    //声明了 void _ nop_ (void);
_ nop_ ( );                              //产生一条 NOP 指令
```

作用：对于延时很短的，要求在 μs 级的，采用"_ nop_ "函数，这个函数相当于汇编 NOP 指令，延时几微秒。NOP 指令为单周期指令，可由晶振频率算出延时时间，对于 12M 晶振，延时 1μs。对于延时比较长的，要求大于 10μs 的，采用 C51 中的循环语句来实现。在选择 C51 中循环语句时，要注意以下几个问题：

第一，定义的 C51 中循环变量，尽量采用无符号字符型变量。

第二，在 for 循环语句中，尽量采用"--"来做循环。

第三，在 do…while, while 语句中，循环体内变量也采用"--"方法。

这是因为在 C51 编译器中，对不同的循环方法，采用不同的指令来完成的。下面举例说明：

```
unsigned char i;
for(i=0; i<255; i++);
unsigned char i;
for(i=255; i>0; i--);
```

指令相当简洁，也很好计算精确的延时时间。

（2）＿ testbit＿ 函数

该函数原型是：bit ＿ testbit＿ （bit x）；函数功能是产生一个 JBC 指令，该函数测试一个位，当置位时返回 1，否则返回 0。如果该位置为 1，则将该位复位为 0。8051 的 JBC 指令即用作此目的。＿ testbit＿ 只能用于可直接寻址的位，在表达式中使用是不允许的。

（3）＿ cror＿ 函数

这个函数是一个右移函数，在单片机控制实现流水灯时经常用到，函数原型为：extern unsigned char ＿ cror＿ （unsigned char, unsigned char）；具体用法我们来看下面的例程：

```c
#include <reg51.h>
#include <intrins.h>
char tmp;
void delay( ) //延时函数{
    int i;
    for(i=0; i<8888; i++);
}
void main( ){
    tmp=0xfe;
    P1=tmp; //第一个小灯亮
    while(1){
        tmp=_ cror_ (tmp, 1); //字符右移
        delay( );
        P1=tmp; //第八个小灯亮
    }
}
```

在循坏语句中我们用到的右移函数，可以实现每次右移一位以控制 LED 灯。运行程序我们会看到第一个小灯、第八个小灯、第七个小灯……依次闪烁。

（4）＿ crol＿ 函数

这个函数与上一个右移函数类似，它是左移函数，通常在流水灯控制程序中用到，用法同上，我们只需要将函数换成＿ corl＿ 左移函数就行，例如：

```c
#include <reg51.h>
#include <intrins.h>
char tmp;
void delay( ) //延时函数{
```

```
        int i;
        for(i=0; i<8888; i++);
}
void main( ){
    tmp=0xfe;
    P1=tmp; //第一个小灯亮
    while(1){
        tmp=_ crol_ (tmp, 1); //字符左移
        delay( );
        P1=tmp; //第二个小灯亮
    }
}
```

运行程序我们可以看到第一个小灯、第二个小灯……依次闪烁。

(5) _ iror_ 函数

_ iror_ 函数功能为整数循环右移，函数原型为：unsigned int _ irol_ (unsigned int val, unsigned char n)；该函数是以位形式将 val 右移 n 位，与8051"RLA"指令相关。在程序中可以这么用：

```
#include <intrins. h>
main( ){
unsigned int y;
y=0x0ff00;
y=_ iror_ (y, 4);
}
```

引入 intrins. h 头文件，然后定义参数，直接使用该函数，其中 4 表示右移4 位。

_ lror_ 函数

函数原型位：extern unsigned long _ lror_ (unsigned long, unsigned char)；该函数功能是长整数循环右移。

_ irol_ 函数

函数原型为：extern unsigned int_ irol_ (unsigned int, unsigned char)；函数功能为整数循坏左移。

_ lrol_ 函数

函数原型为：extern unsigned long _ lrol_ (unsigned long, unsigned char)；函数功能为长整数循环左移。

（6）_ chkfloat_ 函数

函数原型为：extern unsigned char _ chkfloat_ （float）；函数功能为检查浮点数的类型并返回源点数状态。相当于汇编中的子函数。若返回值为 0，表示被检测的是标准浮点数；若返回值是 1，表示浮点 0；若返回值是 2，表示+INF 正溢出；若返回值是 3，表示−INF 负溢出；若返回值是 4，表示被检测的不是浮点数。

（7）_ push_ 函数

该函数称为进栈函数，在栈顶（数组的尾部）添加指定的元素，并且返回新数组的长度。函数原型为：extern void _ push_ （unsigned char _ sfr）；基本算法为：若 top>=n 时，则给出溢出信息，作出错处理（进栈前首先检查栈是否已满，满则溢出；不满则作进入下面操作）；置 TOP = TOP+1（栈指针加 1，指向进栈地址）；S(TOP) = X，结束（X 为新进栈的元素）；

（8）_ pop_ 函数

_ pop_ 函数与_ push_ 函数相对，被称为退栈（出栈）函数，它的算法与进栈类似，若 top<= 0，则给出下溢信息，作出错处理（退栈前先检查是否已为空栈，空则下溢；不空则作下一步操作）；X = S(TOP)，（退栈后的元素赋给 X），TOP = TOP−1，结束（栈指针减 1，指向栈顶）。

2.1.7　string.h 介绍与应用

这是 C 语言中常用的一个头文件，有字符数组时用到。头文件内容如下：

```
#ifndef __ STRING_ H__
#define __ STRING_ H__
#ifndef _ SIZE_ T
#define _ SIZE_ T
typedef unsigned int size_ t; .
#endif
#ifndef NULL
#define NULL (( void * ) 0L)
#endif
#pragma SAVE
#pragma REGPARMS
extern char * strcat ( char * s1, char * s2);
extern char * strncat ( char * s1, char * s2, int n);
extern char strcmp ( char * s1, char * s2);
```

```
extern char strncmp (char * s1, char * s2, int n);
extern char * strcpy (char * s1, char * s2);
extern char * strncpy (char * s1, char * s2, int n);
extern int strlen (char *);
extern char * strchr (const char * s, char c);
extern int strpos (const char * s, char c);
extern char * strrchr (const char * s, char c);
extern int strrpos (const char * s, char c);
extern int strspn (char * s, char * set);
extern int strcspn (char * s, char * set);
extern char * strpbrk (char * s, char * set);
extern char * strrpbrk (char * s, char * set);
extern char * strstr  (char * s, char * sub);
extern char * strtok  (char * str, const char * set);
extern char memcmp (void * s1, void * s2, int n);
extern void * memcpy (void * s1, void * s2, int n);
extern void * memchr (void * s, char val, int n);
extern void * memccpy (void * s1, void * s2, char val, int n);
extern void * memmove (void * s1, void * s2, int n);
extern void * memset  (void * s, char val, int n);
#pragma RESTORE
#endif
```

下面我们单独来看头文件中的函数。

(1) strcat( )函数

函数原型为 extern char * strcat (char * s1, char * s2); 功能是把 s2 所指字符串添加到 s1 字符串结尾处 (覆盖 s1 结尾处的' \0') 并添加' \0'。需要注意的是，s1 和 s2 所指的内存区域不可以重叠且 s1 必须有足够的空间来容纳 s2 的字符串。在程序中添加<string. h>头文件就可以使用该函数，具体如下：

```
#include<reg51. h>
#include<string. h>
char str1[20] = " we are c51!";
char str2[] = " welcome";
void main( ) {
strcat_ s(str1, str2);
```

```
printf("str1=%s\n", str1);
}
```

得到的结果为"we are c51! Welcome"。

(2) strncat( )函数

函数原型为 extern char * strncat (char * s1, char * s2, int n)；它的功能是把 s2 所指的字符串的前 n 个字符添加到 s1 字符串结尾处(覆盖 s1 结尾处的'\0')并添加'\0'。同样，s1 和 s2 所指的内存区域不可以重叠且 s1 必须有足够的空间来容纳 s2 的字符串。例如：

```
char str1[20]="welc";
char str2[ ]="ome";
strncat_ s(str1, str2);
printf("str1=%s\n", str1);
```

运行结果为"welcome"。

(3) strcmp( )函数

函数原型为 extern char strcmp (char * s1, char * s2)；功能为比较两个字符串，如果两个字符串相等，则返回 0；若 str1 大于 str2(对于大于的理解，是指从两个字符串的第一个字符开始比较，若两个字符相同，则继续比较，若发现两个字符不相等，且 str1 中该字符的 ASCII 码大于 str2 中的，则表示 str1 大于 str2)，返回一个正数(这个正数不一定是 1)；若 str1 小于 str2，返回一个负数(不一定是-1)；若字符串 str1 的长度大于 str2，且 str2 的字符与 str1 前面的字符相同，则也等同于 str1 大于 str2 进行处理。

(4) strncmp( )函数

函数原型为 extern int strcmp(char * str1, char * str2, int n)，其中参数 str1 为第一个要比较的字符串，str2 为第二个要比较的字符串，n 为指定的 str1 与 str2 比较的字符数。函数功能：比较字符串 str1 和 str2 的前 n 个字符。返回说明：返回整数值：当 str1<str2 时，返回值<0；当 str1=str2 时，返回值=0；当 str1>str2 时，返回值>0。例如：

```
#include < string. h >
#include < stdio. h >
int   main( ) {
char  * str1="welcome, this is c51 ";
char  * str2=" welcome, I am c51 ";
int n=7; //指定比较前 7 个字符
int inttemp;
```

```
inttemp = strncmp( str1, str2, n); //将字符串比较的返回值保存在 int 型变量
inttemp 中
if( inttemp<0) {
printf( "strlen( str1) < strlen( str2)" );
    }
else if( inttemp>0) {
printf( "strlen( str1) > strlen( str2)" );
    }
else {
printf( "strlen( str1) = =  strlen( str2)" );
    }
return 0;
}
```

程序中, 只对 str1 和 str2 的前 7 个字符进行比较, 发现它们的字典序相等,
则打印出相等的消息。

(5) strcpy( )函数

该函数是 C 语言中一个复制字符串的库函数, 函数原型为: extern char *
strcpy(char * s1, char * s2); 函数功能是将 str2 中所指的字符串复制到 str1,
需要注意的是如果目标数组 str1 不够大, 而源字符串的长度又太长的话, 可能会
造成缓冲溢出的情况。函数返回值为一个指向最终目标字符串 str1 的指针。
例如:

```
#include <stdio. h>
#include <string. h>
int main( ) {
char src[40];
char dest[100];
memset( dest,' \0', sizeof( dest));
strcpy( src,"This is c51. ");
strcpy( dest, src);
printf( "最终的目标字符串:%s \ n", dest);
return( 0);
}
```

运行程序将会得到结果"最终的目标字符串: This is c51. "

(6) strncpy( )函数

这个函数也是 C 语言中一个字符串复制函数, 它与上面讲解的 strcpy( )复制

函数有所不同，strncpy( )函数原型为：extern char * strncpy (char * s1, char * s2, int n)；功能是指定 str2 字符串前几个字符并复制到目标 str1 处，n 为指定要复制的字符数，当 str2 中的字符数小于 n 时，复制到 str1 中剩余的部分将用空字节填充，函数返回值为最终复制的字符串。例如：

```
#include <stdio. h>
#include <string. h>
int main( ){
char str2[20];
char str1[12];
memset(str1,'\0', sizeof(str1));
strcpy(str2,"This isc51");
strncpy(str1, str2, 10);
printf("最终的目标字符串:%s\n", str1);
return(0);
}
```

运行程序结果为"最终的目标字符串：'This is c5'"。

(7) strlen( )函数

函数原型为：extern int strlen (char * s)；这个函数原型比较简单，同样它的函数功能也是很简单的，就是计算给定字符串的长度，不包括结束字符"\0"。返回值为字符串 s 的字符数。需要注意一下字符数组，例如：char str[100]="ht-tp：//see. xidian. edu. cn/cpp/u/biaozhunku/"；定义了一个大小为 100 的字符数组，但是仅有开始的 11 个字符被初始化了，剩下的都是 0，所以 sizeof(str) 等于 100，strlen(str) 等于 11。如果字符的个数等于字符数组的大小，那么 strlen( )的返回值就无法确定了，例如：char str[6]="abcxyz"；strlen(str)的返回值将是不确定的。因为 str 的结尾不是 0，strlen( )会继续向后检索，直到遇到'\0'，而这些区域的内容是不确定的。strlen( ) 函数计算的是字符串的实际长度，即遇到第一个'\0'结束。如果只定义而没有给它赋初值，这个结果是不定的，它会从首地址一直找下去，直到遇到'\0'停止。而 sizeof 返回的是变量声明后所占的内存数，不是实际长度，此外 sizeof 不是函数，仅仅是一个操作符，而 strlen( )是函数。例如：

```
#include<stdio. h>
#include<string. h>
int main( ){
    char * str1="http：//see. xidian. edu. cn/cpp/u/shipin/";
```

```
    char str2[100] = "http: //see. xidian. edu. cn/cpp/u/shipin_ liming/";
    char str3[5] = "12345";
    printf("strlen(str1) = %d, sizeof(str1) = %d \ n", strlen(str1), sizeof(str1));
    printf("strlen(str2) = %d, sizeof(str2) = %d \ n", strlen(str2), sizeof(str2));
    printf("strlen(str3) = %d, sizeof(str3) = %d \ n", strlen(str3), sizeof(str3));
    return 0;
}
```

程序运行结果为：

strlen(str1) = 38, sizeof(str1) = 4

strlen(str1) = 45, sizeof(str1) = 100

strlen(str1) = 53, sizeof(str1) = 5

上面的运行结果，strlen(str1) = 53 显然不对，53 是没有意义的。

(8) strchr( )函数

函数原型为 extern char * strchr (const char * s, char c); 函数功能为查找给定字符串中某一个特定的字符，其中 s 是被查找的字符串，c 是要查找的字符。strchr( ) 函数会依次检索字符串 s 中的每一个字符，直到遇见字符 c，或者到达字符串末尾(遇见'\0')。返回值是在字符串 s 中第一次出现字符 c 的位置，如果未找到该字符 c 则返回 NULL。例如使用该函数查找字符串"http: //reg51. h/"中的"p"。

```
#include <stdio. h>
#include <string. h>
int main( ) {
    const char * str = "http: //reg51. h /";
    int c = 'g';
    char * p = strchr(str, c);
    if (p) {
        puts("Found");
    } else {
        puts("Not found");
    }
    return 0;}
```

运行结果为"Found"。

(9) strops( )函数

函数原型为：extern int strpos (const char * s, char c); 该函数对大小写敏感，返回字符串在另一字符串中首次出现的位置。如果存在，返回数字，如果没有找到该字符串，则返回 false。

```
$ str = "abc";
$ find = ´a´;
$ n = strpos( $ str, $ find); //0
if( $ n = = =false){
    echo ´未找到´. $ find;
} else {
    echo ´找到了´. $ find;
}
```

该函数对大小写敏感。用这个函数来判断字符串中是否存在某个字符时必须使用"＝＝＝false"。

（10）strrchr( )函数

该函数原型为 extern char * strrchr (const char * s, char c)；其中 str 是被查找的字符串，c 为需要查找的字符，函数功能是查找某一字符在字符串中最后出现的位置，返回值为 str 中最后一次出现字符 c 的位置。如果未找到该值，则函数返回一个空指针。例如：

```
#include <stdio. h>
#include <string. h>
int main ( ) {
int len;
const char str[ ] = "https: //www. runoob. com";
const char ch = ´. ´;
char * ret; ret = strrchr( str, ch);
printf("｜%c｜之后的字符串是 - ｜%s｜ \ n", ch, ret);
return(0);
}
```

编译运行结果是"｜.｜之后的字符串是 - ｜.com｜"。

（11）strrpos( )函数

函数原型为 extern int strrpos (const char * s, char c)；功能是查找字符串在另一字符串中最后一次出现的位置(区分大小写)。这里需要注意 strrpos( ) 函数是区分大小写的。与它相关的函数有：strpos( )函数，查找字符串在另一字符串中第一次出现的位置(区分大小写)；stripos( )函数，查找字符串在另一字符串中第一次出现的位置(不区分大小写)；strripos( )，查找字符串在另一字符串中最后一次出现的位置(不区分大小写)。

（12）strspn（ ）函数

函数原型为 extern int strspn（char ＊s，char ＊set）；功能是用来检测字符串 s 中第一个不在字符串 set 中出现的字符下标，其中 s 为要被检索的字符串，set 为包含了要在 s 中进行匹配的字符列表的字符串。该函数返回值为 s 中第一个不在字符串 set 中出现的字符下标。对于其用法我们可以一起来看这个例子：

```
#include <stdio. h>
#include <string. h>
int main（ ）{
    int len;
    const char str1[ ]="ABCDEFG019874";
    const char str2[ ]="ABCD";
    len=strspn(str1, str2);
    printf("初始段匹配长度 %d \ n", len );
    return0;
}
```

运行程序我们得到结果"初始匹配长度为 4"。

（13）strcspn（ ）函数

该函数的函数原型为：extern int strcspn（char ＊s，char ＊set）；函数功能同 strspn（ ）函数的功能类似，它可以检索字符串 s 开头连续有几个字符都不含字符串 set 中的字符，如果第一次发现相等，则停止并返回在 s 中这个匹配相等的字符索引值，失败则返回 s 字符串的长度。其中 s 为要被检索的字符串，set 为包含了要在 s 中进行匹配的字符列表的字符串。函数返回值为字符串 s 开头连续都不含字符串 set 中字符的字符数。用法就是给出两个字符串参数，在头文件下引用该函数就可以实现两个字符串的检索。例如：

```
#include <stdio. h>
#include <string. h>
int main（ ）{
    int len;
    const char str1[ ]="ABCDEF4960910";
    const char str2[ ]="013";
    len=strcspn(str1, str2);
    printf("第一个匹配的字符是在 %d \ n", len + 1);
    return0;
}
```

运行程序我们得到结果是"第一个匹配的字符是在 10"。

(14) strpbrk( )函数

函数原型为：extern char * strpbrk(char * str1，char * str2)，函数功能是比较字符串 str1 和 str2 中是否有相同的字符，不包含空结束字符，如果有，则返回该字符在 str1 中的位置的指针。其中 str1 为待比较的字符串，str2 为指定被搜索的字符串。返回值为返回指针，搜索到的字符在 str1 中的索引位置的指针。

```
#include < string. h >
#include < stdio. h >
int    main( ) {
    char * str1 = "please try again，sky2021!";
    char * str2 = "Hello，I am sky2021，I like writing!";
    char * strtemp;
    strtemp = strpbrk(str1，str2);      //搜索进行匹配
    printf("Result is：    %s"，strtemp);
    return 0;
}
```

程序运行结果是"lease try again，sky2021!"我们看到 str2 中与 str1 字符串中相同的字符被检索出来了。

(15) strstr( )函数

函数原型为 extern char * strstr (char * s，char * sub);该函数功能是在字符串 s 中查找第一次出现字符串 sub 的位置，不包含终止符"\0"。其中 s 为要被检测的字符串，sub 是在 s 字符串中要搜索的小字符串。函数的返回值为 s 字符串中第一次出现 sub 字符串的位置。例如我们要检测一串字符中某一段的位置，就可以使用该函数，例如：

```
#include <stdio. h>
#include <string. h>
int main( ) {
const char haystack[20] = "RUNOOB";
const char needle[10] = "NOOB";
char * ret; ret = strstr(haystack，needle);
printf("子字符串是:%s \ n"，ret); return0;
}
```

程序运行结果是"子字符串是：NOOB"。

(16) strtok( )函数

函数原型为：extern char * strtok   (char * str，const char * set);该函数的

功能为分解字符串为一组字符串。其中 str 为要分解的字符，set 为分隔符字符(如果传入字符串，则传入的字符串中每个字符均为分割符)。首次调用时，str 指向要分解的字符串，之后再次调用要把 str 设成 NULL。当 strtok( )函数在参数 str 的字符串中发现参数 set 中包含的分割字符时，则会将该字符改为" \0"字符。在第一次调用时，strtok( )函数必需给予参数 str 字符串，往后的调用则将参数 str 设置成 NULL。每次调用成功则返回指向被分割出片段的指针。返回值为从 str 开头开始的一个个被分割的串，当 str 中的字符查找到末尾时，返回 NULL。如果查找不到 set 中的字符时，返回当前 strtok 字符串的指针。所有 set 中包含的字符都会被滤掉，并将被滤掉的地方设为一处分割的节点。

需要注意的是，使用该函数进行字符串分割时，会破坏被分解字符串的完整，调用前和调用后的 str 已经不一样了。第一次分割之后，原字符串 str 是分割完成之后的第一个字符串，剩余的字符串存储在一个静态变量中，因此多线程同时访问该静态变量时，则会出现错误。

该函数在使用中会破坏被分解字符串的完整性，调用前与调用后的 str 字符串已经不一样了，如果要保持原字符串完整，可以使用 strchr( ) 与 sscan( )的组合等。以下例子演示了该函数用法：

```
#include <string. h>
#include <stdio. h>
int main ( ) {
char str[80] = "This is － regc51 － word";
const char s[2] = "－";
char ∗ token; /∗获取第一个子字符串 ∗/
token = strtok(str, s); /∗继续获取其他的子字符串 ∗/
while( token ! = NULL ) {
printf( "%s \ n", token );
token = strtok(NULL, s);
}
return0;
}
```

运行该段程序我们会得到结果：
"This is
regc51
word"。

(17) memcmp( )函数

函数原型为：extern char memcmp (void ∗ s1, void ∗ s2, int n)；函数功能是

比较存储区 s1 和 s2 的前 n 个字节(每个字节均解释为无符号字符)。如果返回值小于 0，则表示 s1 小于 s2；如果返回值大于 0，则表示 s1 大于 s2；如果返回值等于 0，则表示 s1 等于 s2。函数用法如下面程序：

```
#include <stdio. h>
#include <string. h>
int main ( ){
char str1[15];
char str2[15];
int ret;
memcpy(str1,"abcdef", 6);
memcpy(str2,"ABCDEF", 6);
ret=memcmp(str1, str2, 5);
if(ret > 0){
printf("str2 小于 str1");
}
else if(ret < 0){
printf("str1 小于 str2");
}
else{
printf("str1 等于 str2");
}
return0;
}
```

该段程序是利用 memcmp( )函数将字符串"abcdef"与"字符串 ABCDEF"的前 5 个字节的存储区域作比较，并且利用 printf( )函数将结果打印出来。运行程序我们会得到结果"str2 小于 str1"。

在这之前我们学习过 strcmp( )与 strncmp( )两个函数，在这里我们可以将这三个函数做一个对比区分。它们的区别是：memcmp( )是比较两个存储空间的前 n 个字节，即使字符串已经结束，仍然要比较剩余的空间，直到比较完 n 个字节。Strcmp( )比较的是两个字符串，任一字符串结束，则比较结束。strncmp( )是在 strcmp( )的基础上增加比较个数，其结束条件包括任一字符串结束和比较完 n 个字节。

另外从它们的程序运行结果也可以看出：str1 整个空间实际存储的数要大，但是 str1 和 str2 含有相同的字符串。使用 strcmp( )比较时，只比较到字符串结束，所以 str1 等于 str2；使用 memcmp( ) 比较时，比较 n 个字节空间的大小，所以 str1 大于 str2；使用 strncmp( ) 比较时，也是比较到字符串结束，只比较到前 5 个字节，所以 str1 等于 str2。

(18) memcpy( ) 函数

该函数原型为：extern void * memcpy (void * dest, void * src, int n)；函数功能是将 src 指向地址为起始地址的连续 n 个字节的数据复制到以 destin 指向地址为起始地址的空间内。函数返回值为一个指向 dest 的指针。

需要注意的是，source 和 destin 所指内存区域不能重叠，函数返回指向 destin 的指针并且 source 和 destin 都不一定是数组，任意的可读写的空间均可。与 strcpy 相比，memcpy 并不是遇到 ´\0´ 就结束，而是一定会拷贝完 n 个字节。memcpy 用来做内存拷贝，可以拿它拷贝任何数据类型的对象，可以指定拷贝的数据长度。

例：

```
char a[100], b[50];
memcpy(b, a, sizeof(b)); //注意如用 sizeof(a)，会造成 b 的内存地址溢出。
```

strcpy 就只能拷贝字符串了，它遇到 "\0" 就结束拷贝；例：

```
char a[100], b[50];
strcpy(a, b);
```

另外，如果目标数组 destin 本身已有数据，执行 memcpy( ) 后，将覆盖原有数据(最多覆盖 n)。如果要追加数据，则每次执行 memcpy 后，要将目标数组地址增加到要追加数据的地址。

例如将 s 中的字符串复制到字符数组 d 中：

```
//memcpy. c
#include<stdio. h>
#include<string. h>
intmain( ){
char * s = "I am regc51 ";
chard[20];
clrscr( );
memcpy(d, s, strlen(s));
d[strlen(s)] = ´\0´; //因为从 d[0] 开始复制，总长度为 strlen(s)，d[strlen(s)]
置为结束符
printf("%s", d);
getchar( );
```

```
return0;
}
```

运行程序得到结果为"I am regc51"。

（19）memchr( )函数

函数原型是：extern void * memchr（void * s, char val, int n）；功能是在参数 s 所指向的字符串的前 *n* 个字节中搜索第一次出现字符 val 的位置。其中 s 是指向要执行搜索的内存块，val 是以 int 形式传递的值，但是函数在每次字节搜索时使用的是该值的无符号字符形式。该函数返回一个指向匹配字节的指针，如果在给定的内存区域未出现字符，则返回 NULL。具体函数用法我们来看下面的例子：

```
#include<stdio. h>
#include<string. h>
int main（）{
const char str[ ]="http：//www. regc51 ";
const char ch='、';
char * ret;
ret=（char * ）memchr（str, ch, strlen（str））;
printf（"｜%c｜ 之后的字符串是 -｜%s｜ \ n", ch, ret）;
return（0）;
}
```

该程序是利用该函数将字符串 str 中"."符号之后的内容搜索出来并且用打印函数打印。运行程序我们得到结果为"｜.｜之后的字符串是 -｜regc51｜"。

（20）memccpy( )函数

函数原型为：extern void * memccpy（void * dest, void * src, unsigned char ch, unsigned int count）；函数功能是由 src 所指内存区域复制不多于 count 个字节到 dest 所指内存区域，如果遇到字符 ch 则停止复制。说明：返回指向字符 ch 后的第一个字符的指针，如果 src 前 *n* 个字节中不存在 ch 则返回 NULL。ch 被复制。例如将字符串复制到数组 dest 中：

```
#include <stdio. h>
#include <string. h>
int main（）{
const char src[50]=" http：//www. regc51. com ";
char dest[50];
 memcpy（dest, src, strlen（src）+1）;
```

```
printf("dest=%s \ n", dest);
return(0);
}
```

运行程序结果为"dest=http：//www. regc51. com"。

这里需要说明的是，当定义 char ∗s="Golden Global View" 时，可能会出现 warning：deprecated conversion from string constant to ´char ∗´的报错，这是因为 char ∗ 背后的含义是：给我个字符串，我要修改它。而理论上，∗∗此时传给函数的字符串常量是不能被修改的∗∗。合理的解决办法是把参数类型修改为 const char ∗。其背后的含义是：给我个字符串，我只要读取它。

该函数还可以实现两种常用的用法，分别是将 s 中的第几个字符开始的几个连续字符复制到 d 中以及覆盖原有部分数据。我们分别看一下实例：

将 s 中第 11 个字符开始的 6 个连续字符复制到 d 中：

```
#include <stdio. h>
#include<string. h>
int main( ) {
char ∗s="http：//www. regc51. com";
char d[20];
memcpy(d, s+11, 6); //从第 11 个字符(r)开始复制，连续复制 6 个字符
(regc51) // 或者 memcpy(d, s+11 ∗ sizeof(char), 6 ∗ sizeof(char));
d[6]=" \0"; printf("%s", d);
return 0;
}
```

程序运行结果为"regc51"。

覆盖原有部分数据：

```
#include<stdio. h>
#include<string. h>
int main(void) {
char src[ ]=" ∗ ∗ ∗ ";
char dest[ ]="abcdefg";
printf("使用 memcpy 前:%s \ n", dest);
memcpy(dest, src, strlen(src));
printf("使用 memcpy 后:%s \ n", dest);
return 0;
}
```

编译程序将会得到结果："使用 memcpy 前：abcdefg 使用 memcpy 后：＊＊＊defg"。

（21）memmove（　）函数

函数原型为 extern void ＊ memmove（void ＊ s1，void ＊ s2，int n）；函数功能是从 str2 字符串中复制 n 个字符到 str1 字符串中。如果目标区域和源区域有重叠的话，memmove（　）能够保证源串在被覆盖之前将重叠区域的字节拷贝到目标区域中，复制后源区域的内容会被更改。如果目标区域与源区域没有重叠，则和 memcpy（　）函数功能相同。

函数中参数含义为：str1 是指向用于存储复制内容的目标数组，类型强制转换为 void ＊ 指针。str2 是指向要复制的数据源，类型强制转换为 void ＊ 指针。n 是要被复制的字节数。函数的返回值是返回一个指向目标存储区 str1 的指针。函数用法如下：

```
#include <stdio.h>
#include <string.h>
int main（）{
    const char dest[] ="oldstring";
    const char src[] ="newstring";
    printf("Before memmove dest=%s，src=%s \ n"，dest，src);
    memmove(dest，src，9);
    printf("After memmove dest=%s，src=%s \ n"，dest，src);
    return(0);
}
```

运行程序可得到结果："Before memmove dest=oldstring，src=newstring After memmove dest=newstring，src=newstring"。

（22）memset（　）函数

函数原型为：void ＊ memset（void ＊ s，int c，unsigned long n）；函数的功能是将指针变量 s 所指向的前 n 字节的内存单元用一个"整数" c 替换，注意 c 是 int 型。s 是 void ＊ 型的指针变量，所以它可以为任何类型的数据进行初始化。memset（　）的作用是在一段内存块中填充某个给定的值。因为它只能填充一个值，所以该函数的初始化为原始初始化，无法将变量初始化为程序中需要的数据。用 memset 初始化完后，后面程序将再向该内存空间中存放需要的数据。

memset 一般使用"0"初始化内存单元，而且通常是将数组或结构体进行初始化。一般的变量如 char、int、float、double 等类型的变量直接初始化即可，没有必要用 memset。如果用 memset 的话反而显得麻烦。

　　当然，数组也可以直接进行初始化，但 memset 是对较大的数组或结构体进行清零初始化的最快方法，因为它是直接对内存进行操作的。"字符串数组不是最好用"\0"进行初始化吗？那么可以用 memset 给字符串数组进行初始化吗？也就是说参数 c 可以赋值为"\0"吗？"可以的。虽然参数 c 要求是一个整数，但是整型和字符型是互通的。但是赋值为"\0"和 0 是等价的，因为字符"\0"在内存中就是 0。所以在 memset 中初始化为 0 也具有结束标志符"\0"的作用，所以通常我们就写"0"。

　　memset 函数的第三个参数 n 的值一般用 sizeof( ) 获取，这样比较专业。注意，如果是对指针变量所指向的内存单元进行清零初始化，那么一定要先对这个指针变量进行初始化，即一定要先让它指向某个有效的地址。而且用 memset 给指针变量如 p 所指向的内存单元进行初始化时，n 千万不要写成 sizeof(p)，这是新手经常会犯的错误。因为 p 是指针变量，不管 p 指向什么类型的变量，sizeof(p) 的值都是 4。具体用法如下：

```c
# include <stdio. h>
# include <string. h>
int main( void) {
    int i;    //循环变量
    char str[10];
    char * p = str;
    memset( str, 0, sizeof( str));    //只能写 sizeof( str)，不能写 sizeof( p)
    for (i = 0; i < 10; ++i) {
        printf( "%d \ x20", str[i]);
    }
    printf( " \n");
    return 0;
}
```

　　根据 memset 函数的不同，输出结果也不同，分为以下几种情况：

```c
memset( p, 0, sizeof( p));    //地址的大小都是 4 字节
```
0 0 0 0 −52 −52 −52 −52 −52 −52
```c
memset( p, 0, sizeof( * p));    // * p 表示的是一个字符变量，只有一字节
```
0 −52 −52 −52 −52 −52 −52 −52 −52 −52
```c
memset( p, 0, sizeof( str));
```
0 0 0 0 0 0 0 0 0 0
```c
memset( str, 0, sizeof( str));
```

0 0 0 0 0 0 0 0 0 0

memset(p, 0, 10); //直接写 10 也行，但不专业

0 0 0 0 0 0 0 0 0 0

到此为止我们就把头文件 string.h 的内容介绍完毕，这个头文件是我们在学习程序编写以及单片机编程时常用到的，比较基础简单却很实用，里面包含着诸多函数能够极大的方便与我们的程序设计。

【例程 2】点亮 LED 灯

点亮 LED 灯是最简单的单片机程序。这是学习单片机开发最基础的例程，也是必经之路。这个例程的内容，其实就是一般的单片机开发的流程。通过在这个最基本的流程中，增减功能，调试程序，达成最终的设计需求。

① 教授内容：点亮第一个 LED 灯。

② 仿真电路：仿真电路如图例 2-1 所示。

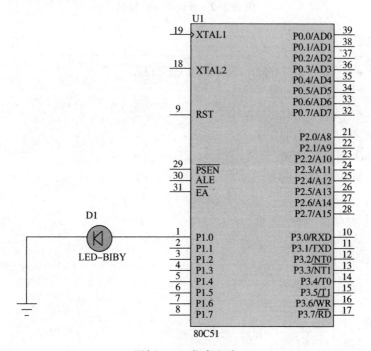

图例 2-1 仿真电路

外设器件只有一个红色 LED 灯（Proteus 中的名称：LED-BIBY）。

分析这个外设电路能看出，如果 P1.0 口是高电位，则 LED 点亮，如果是低

电位则熄灭。即我们通过控制 P1.0 口的高低电位，即可达成目标。

提示：在 Proteus 中，不画出时钟电路仿真仍是可以正常运行的。

③ 流程图：通过上述外设电路的分析，可以做出流程图，如图例 2-2 所示。这个程序是没有终止的死循环。

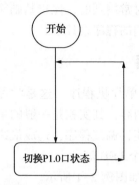

图例 2-2　外设电路流程图

④ 源程序：

```
//此文件中定义了单片机的一些特殊功能寄存器
#include "reg52. h"

//对数据类型进行声明定义
typedef unsigned int u16;
typedef unsigned char u8;

//I/O 口定义
#define led P1^0
#define key P1^1

/***
 * 函 数 名：lightLED
 * 函数功能：点亮 LED
 ***/
void lightLED ( ) {
    led = ~led;
}
```

```
/***
 * 函 数 名：main
 * 函数功能：主函数
 * 输    入：无
 * 输    出：无
 ***/
void main( ){
    while(1){
        lightLED( );
        delay(100);
    }
}


/***
 * 函 数 名：delay
 * 函数功能：延时函数，i = 1 时，大约延时 10μs
 ***/
void delay( u16 i){
    while(i--);
}
```

　　分析上面的程序，其点亮 LED 灯的功能由 lightLED 函数实现。通过取反运算符"~"实现 LED 灯的 I/O 端口状态切换。将这个文件加入 Keil 的工程中，并进行编译，即可在同一文件夹中生成 main. hex 文件。这个 hex 文件可以在 Proteus 中进行仿真，或者通过烧录器烧写进实体的 51 单片机中。具体的操作步骤参见例程 1。

【例程 3】流水点亮 LED 灯

　　流水点亮 LED 灯是亮灯的进阶。这是学习单片机开发最基础的例程，也是必经之路。这个例程的内容，其实就是一般的单片机开发的流程。通过在这个最基本的流程中，增减功能，调试程序，达成最终的设计需求。

　　① 教授内容：流水点亮 LED 灯。

　　② 作业需求：设计红黄绿三个 LED 灯，能够流水点亮或同时闪烁。

　　③ 仿真电路：仿真电路如图例 2-3 所示。

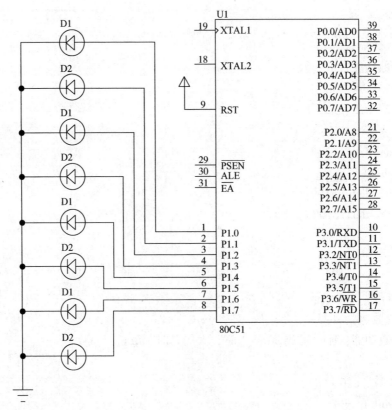

图例 2-3　仿真电路

外设器件有 8 个红色 LED 灯（Proteus 中的名称：LED-BIBY），依次接在 P1 的各 I/O 口上。

分析这个外设电路能看出，如果 P1 各 I/O 口依次变为高电位，即高电位依次左移（或右移），则 LED 灯可以流水点亮。即我们通过控制 P1 口的高低电位，即可达成目标。

④ 流程图：通过上述外设电路的分析，可以做出流程图，如图例 2-4 所示。这个程序是没有终止的死循环。

⑤ 源程序：

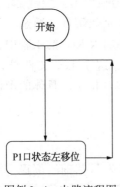

图例 2-4　电路流程图

```
//此文件中定义了单片机的一些特殊功能寄存器
#include " reg52. h"
//对数据类型进行声明定义
```

```
typedef unsigned int u16;
typedef unsigned char u8;
//I/O 口定义
#define led P1^0
/***
* 函 数 名: flowLED
* 函数功能: 流水点亮 LED
***/
void flowLED ( ) {
    P2 = a;
    a = a<<1;
    if( a = = 0x00) { // 如果高位溢出
        a = 0x01; // 则恢复
    }
}


void main( ) {
    u8 a = 0x01;
    while( 1) {
        flowLED( );
        delay( 100);
    }
}
/***
* 函 数 名: delay
* 函数功能: 延时函数, i = 1 时, 大约延时 10μs
***/
void delay( u16 i) {
    while( i--);
}
```

分析上面的程序, 其流水点亮 LED 灯的功能由 flowLED 函数实现。通过位移运算符 ">>" 将 P1 的状态不停的切换, 如果高位溢出变成 0x00, 则通过条件判断恢复成 0x01。

将这个文件加入 Keil 的工程中，并进行编译，即可在同一文件夹中生成 main. hex 文件。这个 hex 文件可以在 Proteus 中进行仿真，或者通过烧录器烧写进实体的 51 单片机中。具体的操作步骤参见例程 1。

⑥ 作业提示：可以将流水点亮和同时开关分别做成两个函数，然后两个函数在主循环中交替运行，即可实现作业需求的效果。

2.2 接口

2.2.1 各接口简介

无论哪种芯片，观察它的表面时，都会找到一个凹进去的小圆坑，或是用颜色标识的一个小标记，这个小圆坑或标记对应的引脚就是这个芯片的第 1 引脚，然后逆时针方向数下去，即 1 到最后一个引脚。PQFP/TOFP 封装的小圆坑在左下角，PLC/CLCC 封装的小圆坑在最上面的正中间，在实际焊接或绘制电路板时，务必注意它们的引脚标号，如果焊接错误，那么完成的作品是绝对不可能正常工作的。

接下来以 PDIP 封装引脚图为例介绍单片机各引脚的功能。按照功能，40 个引脚被分成 3 类：①电源和时钟引脚，如 VCC、GND、XTAL1、XTAL2；②编程控制引脚，如 RST、$\overline{\text{PSEN}}$、ALE、$\overline{\text{EA}}$；③I/O 口引脚，如 P0、P1、P2、P3，4 组 8 位 I/O 口。

在 51 系列单片机的 40 个引脚中，有 2 个主电源引脚、2 个外接晶体振荡器引脚、4 个控制功能的引脚和 32 个输入/输出引脚。

(1) 主电源引脚

VCC(40 脚)、GND(20 脚)：单片机电源引脚，不同型号单片机接入对应电压电源，常压为+5V，低压为+3.3V，在使用时要查看其芯片对应文档。

(2) 外接晶体振荡器引脚

XTAL1(19 脚)：接外部石英晶体的一端。在单片机内部，它是一个反相放大器的输入端，这个放大器构成了片内振荡器。当采用外部时钟时，对于 HMOS 单片机，该引脚接地；对于 CHMOS 单片机，该引脚作为外部振荡信号的输入端。

XTAL2(18 脚)：接外部石英晶体的另一端。在单片机内部，接至上述振荡器的反相放大器的输出端。采用外部振荡器时，对 HMOS 单片机，该引脚接收振荡器的信号，即把此信号直接接到内部时钟发生器的输入端；对 CHMOS 单片机来讲，此引脚应悬浮。

（3）控制功能引脚

1）RST/V_{PD}（9脚）

复位/备用电源引脚。RST（Reset）为复位，V_{PD}为备用电源。该引脚为单片机的复位或掉电保护输入端。复位分为上电复位和系统运行中复位。当单片机系统正常运行时，该引脚上出现持续两个机器周期的高电平，就可实现复位操作，使单片机恢复到初始状态，这种形式的复位称作系统运行中复位。在通电时，考虑到振荡器有一定的起振时间，该引脚上高电平必须持续10ms以上才能保证有效复位。

当V_{CC}发生故障，即掉电时或电压值下降到低于规定的水平时，该引脚可接通备用电源V_{PD}（+5V），为内部RAM供电，以保证RAM中的数据不丢失。

2）$\overline{PSEN}$（29脚）

当从外部程序存储器读取指令或数据期间，在每个机器周期内该信号两次有效，以通过数据总线P0口读取指令或常数。在访问片外数据存储器期间，$\overline{PSEN}$信号处于无效状态。

在读外部程序存储器时，$\overline{PSEN}$低电平有效，以实现外部程序存储器单元的读操作，由于现在使用的单片机内部已经有足够大的ROM，所以几乎没有人再去扩展外部ROM，因此这个引脚大家只需了解即可：①内部ROM读取时，$\overline{PSEN}$不动作；②外部ROM读取时，在每个机器周期会动作两次；③外部RAM读取时，两个$\overline{PSEN}$脉冲被跳过不会输出；④外接ROM时，与ROM的OE脚相接。

3）ALE/$\overline{PROG}$（30脚）

地址锁存允许/编程信号线。在单片机扩展外部RAM时，ALE用于控制P0口的输出，低8位地址送入锁存器锁存起来，以实现低位地址和数据的隔离。ALE有可能是高电平也有可能是低电平，当ALE是高电平时，允许地址锁存信号，访问外部存储器时，ALE信号负跳变（即由正变负）将P0口上低8位地址信号送入锁存器；当ALE是低电平时，P0口上的内容与锁存器输出一致。锁存器的内容在后面会有详细介绍。不访问外部存储器时，ALE以1/6振荡周期频率输出（即6分频），访问外部存储器时，以1/12振荡周期输出（12分频）。可以看到，当系统没有进行扩展时，ALE会以1/6振荡周期的固定频率输出，因此可以作为外部时钟或外部定时脉冲使用。$\overline{PROG}$为编程脉冲的输入端，单片机的内部有程序存储器（ROM），其作用是存放用户需要执行的程序。那么怎样才能将写好的程序存入这个ROM中呢？实际上，我们是通过编程脉冲输入写进去的，这个脉冲的输入端口就是 $\overline{PROG}$。现在很多单片机已不需要编程脉冲引脚往内部写程序，如 STC 单片机，它直接通过串口写入程序，只需要 3 条线与计算机相连即可。而且，现在的单片机内部都带有丰富的 RAM，不需要再扩展 RAM，因此 ALE/$\overline{PROG}$ 这个引脚的用处已经不太大。

ALE 的第一功能为 CPU 访问外部程序存储器或外部数据存储器提供低 8 位地址的锁存控制信号，将单片机 P0 口发出的低 8 位地址锁存在片外的地址锁存器中。此外，单片机在正常运行时，ALE 端一直有正脉冲信号输出，此频率为时钟振荡器频率 f_{osc} 的 1/6。该正脉冲振荡信号可作为外部定时或脉冲触发信号。但是要注意，每当访问外部 RAM 或 I/O 时，频率并不是准确的时钟振荡器频率 f_{osc} 的 1/6。对于 EPROM 型的单片机（如 8751），在 EPROM 编程期间，此引脚用于输入编程脉冲。

4) $\overline{EA}/V_{PP}$(31 脚)

$\overline{EA}$ 为芯片外程序存储器选用端。该引脚有效（低电平）时，只选用芯片外程序存储器，对于内部无程序存储器的 8031，$\overline{EA}$ 端必须接地。当 $\overline{EA}$ 端保持高电平时，选用芯片内程序存储器，但在 PC 值超过 0FFFH（针对 8051/8751/80C51）或 1FFFH（针对 8052）时，将自动转向外部程序存储器。对于芯片内含有 EPROM 的机型，在编程期间，此引脚作为编程电源（V_{PP}）的输入端。

(4) 输入/输出引脚

51 系列单片机共有 4 个并行 I/O 接口（P0~P3），每个接口都有 8 条接口线，用于传送数据和地址。但每个接口的结构各不相同，因此在功能和用途上有一定的差别。

① P0 口（32~39 脚）：P0.0~P0.7 统称为 P0 口，为 8 位漏极开路的双向输入/输出（I/O）端口。当不扩展片外存储器或 I/O 接口时，可作为双向 I/O 口，此时需要外加上拉电阻，并且在作输入端口时，应先向端口的输出锁存器写入高电平。P0 口的每一个引脚能接 8 个 TTL 电路的输入；当扩展片外存储器或 I/O 接口时，P0 口作为低 8 位地址总线/数据总线的分时复用端口。

② P1 口（1~8 脚）：P1.0~P1.7 统称为 P1 口，为 8 位的准双向 I/O 接口，具有内部上拉电阻。当作为输入端口时，应先向端口的输出锁存器写入高电平。P1 口的每一个引脚能接 4 个 TTL 电路的输入。对于 52 子系列单片机，P1.0 与 P1.1 还有第二个功能，P1.0 可作为定时器/计数器 2 的计数脉冲输入端 T2，P1.1 可作为定时器/计数器 2 的外部控制端 T2EX。

③ P2 口（21~28 脚）：P2.0~P2.7 统称为 P2 口，为 8 位的准双向 I/O 接口，具有内部上拉电阻。当不扩展片外存储器或 I/O 接口时，可作为准双向 I/O 接

口，并且在作输入端口时，应先向端口的输出锁存器写入高电平。P2 口的每一个引脚能接 4 个 TL 电路的输入；当扩展片外存储器或 I/O 接口时，P2 口作为高 8 位地址总线。

④ P3 口(10~17 脚)：P3.0~P3.7 统称为 P3 口，为 8 位的准双向 I/O 接口，具有内部上拉电阻。P3 可作为准双向 I/O 接口，并且在作输入端口时，应先向端口的输出锁存器写入高电平。P3 口的每一个引脚能接 4 个 TTL 电路的输入。除作为准双向 I/O 接口使用外，每一位还具有第二功能，而且 P3 口的每一条引脚均可独立定义为第一功能或第二功能。

2.2.2 51 系列单片机的引脚应用特性

(1) 三总线特性

当 51 系列单片机系统需要外扩程序存储器、数据存储器或 I/O 接口时，外部芯片需要单片机为其提供地址总线、数据总线和控制总线。这些总线和单片机内部的 I/O 接口线一起构成了单片机的片外总线。单片机的引脚除了电源、复位、时钟和用户 I/O 接口线外，其余引脚都是为实现系统扩展而设置的。这些引脚构成了 51 单片机片外三总线结构，即：

① 地址总线(Address Bus，AB)。地址总线宽度为 16 位，可访问 64KB 外部程序存储器和 64KB 外部数据存储器。低 8 位地址 A0~A7 由 P0 口经地址锁存器提供，高 8 位地址 A8~A15 直接由 P2 口提供。

② 数据总线(Data Bus，DB)。数据总线宽度为 8 位，由 P0 口分时复用提供。

③ 控制总线(Control Bus，CB)。由 P3 口第二个功能状态和 4 条独立控制线 ALE、PSEN、RST、EA 组成。

51 系列单片机中的 4 个 I/O 接口在实际使用中，一般遵循以下规则：P0 口一般作为系统扩展地址低 8 位/数据复用口，P1 口一般作为 I/O 口，P2 口作为系统扩展地址高 8 位和 I/O 口，P3 口作为第二功能使用。

为了在有限的引脚上实现尽可能多的功能，51 系列单片机采用了引脚复用技术：

① P3 口除了具有准双向 I/O 口的第一功能外，还具有第二功能，如串行口通信端、计数器的脉冲输入端、外部中断请求输入端等。

② P0 口、ALE 信号和 8 位锁存器配合使用，可以实现地址/数据总线的分时复用。当片内程序存储器的容量不够时，可令 EA = 0，通过 ALE、PSEN、RD、P0 口、P2 口和一个 8 位锁存器配合使用，可扩展多达 64kB 的片外程序存储器。当片内数据存储器的容量不够时，通过 ALE、RD、WR、P2 口和一个 8 位锁存

器配合使用，可扩展多达 64kB 的片外数据存储器。

③ 无论是 P0 口、P2 口的总线复用，还是 P3 口的功能复用，单片机的内部资源会自动选择，不需要通过指令的状态选择。

(2) I/O 接口的应用特性

① P0~P3 口都可以作为 I/O 接口使用，而当作输入端口使用时，应先向端口的输出锁存器写入高电平。

② 当不使用并行扩展总线时，P0、P2 口都可以用作 I/O 接口，但 P0 口为漏极开路结构，作为 I/O 口时必须外加上拉电阻。

③ P0 口的每一个 I/O 接口线均可驱动 8 个 TTL 输入端，而 P1~P3 口的每一个 I/O 接口线均可驱动 4 个 TTL 输入端。CMOS 单片机的 I/O 接口通常只能提供几毫安的驱动电流，但外接的 CMOS 电路的输入驱动电流很小，所以此时可以不考虑单片机 I/O 接口的输出能力。

在实际使用中，一般用户在进行 I/O 接口扩展时，很难计算 I/O 接口的负载能力。对用于扩展的集成芯片，如 741S 系列的一些大规模集成芯片，都可与 51 系列单片机直接接口。其他一些扩展用芯片，使用时可参考器件手册及典型电路。对于一些线性元件，如键盘、编码盘及 LED 显示屏等输入/输出设备，由于 51 系列单片机不能提供足够的驱动电流，因此应尽量设计驱动系统。

2.2.3 I/O 端口

80C51 单片机共有 4 个 8 位双向 I/O 端口，即 P0~P3 口，它们都被定义为 SFR，可以按字节寻址输入或输出，每一位还能按位寻址，便于实现位控功能。P0 口为三态双向口，负载能力为 8 个 LS 型 TTL 门电路；作为一般的 I/O 口使用时，P0 口是一个准双向口。P1、P2、P3 口也为准双向口(用作输入线时，口锁存器必须先写入"1"，故称为准双向口)，负载能力为 4 个 LS 型 TTL 电路。80C51 单片机共有 4 个 8 位双向 I/O 端口，即 P0~P3 口，它们都被定义为 SFR，可以按字节寻址输入或输出，每一位还能按位寻址，便于实现位控功能。P0 口为三态双向口，负载能力为 8 个 LS 型 TTL 门电路；作为一般的 I/O 口使用时，P0 口是一个准双向口。P1、P2、P3 口也为准双向口(用作输入线时，口锁存器必须先写入"1"，故称为准双向口)，负载能力为 4 个 LS 型 TTL 电路。单片机是通过 I/O 端口实现对外部控制和信息交换的。单片机 I/O 端口分为串行口和并行口。串行 I/O 端口一次只能传送 1 位二进制信息；并行 I/O 端口一次可传送 1 字节数据。并行 I/O 端口除了用字节地址访问外，还可以按位寻址。I/O 端口可以实现和不同外设的速度匹配，以提高 CPU 的工作效率；可以改变数据的传送方式，实现内部并行总线与外部设备串行数据传送的转换。

　　51系列单片机有 P0(P0. 0～P0. 7)、P1(P1. 0～P1. 7)、P2(P2. 0～P2. 7)、P3(P3. 0～3. 7)4 个 8 位双向输入/输出端口，在结构上因端口的使用功能不同，其结构和性能都有所不同。从严格意义上讲，它们都是"准双向口"，因此在接口程序设计中有许多应注意的地方。所以，了解端口的结构特点是十分必要的，下面分别对其进行介绍。

(1) P0 口

　　P0 口是一个 8 位漏极开路的双向 I/O 口。图 2-22 所示为 P0 口的位结构图，包括 1 个输出锁存器、2 个三态缓冲器、1 个输出驱动电路和 1 个输出控制端。输出驱动电路由一对场效应管组成，其工作状态受输出端的控制，输出控制端由 1 个与门、1 个反相器和 1 个转换开关 MUX 组成。由图 2-22 可见 P0 口的某一位结构。它包含 1 个数据输出锁存器、2 个三态数据输入缓冲器、1 个多路转换开关 MUX 以及数据输出驱动和控制电路。具体是：①数据输出锁存器用于数据位锁存；②2 个三态数据输入缓冲器分别是读锁存器的输入缓冲器 BUF1 和读引脚的输入缓冲器 BUF2；多路转接开关 MUX 一个输入自锁存器的一端，另一输入为地址/数据信号的反相输出，使 P0 口作为通用 I/O 口或地址/数据线口。MUX 由"控制"信号控制，实现锁存器的输出和地址/数据信号之间的转接；数据输出的控制和驱动电路由一对场效应管(FET) 组成。模拟开关的位置由来自 CPU 的控制信号决定。标号为 P0. n 引脚的图标，也就是说，P0. x 引脚可以是 P0. 0～P0. 7 的任何一位，即在 P0 口由 8 个与图中所示相同的电路组成。P0 口可以作为通用 I/O 接口使用，P0. 0～P0. 7 用于传送输入/输出数据。输出数据时，可以得到锁存，不需外接专用锁存器；输入数据，可以得到缓冲。P0. 0～P0. 7 在 CPU 访问片外存储器时用于传送片外存储器的低 8 位地址，然后传送 CPU 对片外存储器的读写数据。对 51 系列单片机来讲，P0 口既可作为输入/输出口，又可作为地址/数据总线接口使用。

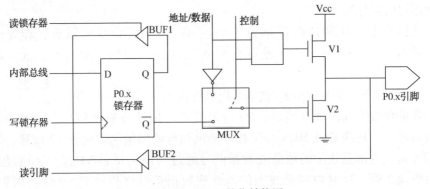

图 2-22　P0 口的位结构图

1) P0 口作为通用 I/O 口使用

对于内部有 Flash 内存的单片机，P0 口可以作为通用 I/O 口，此时控制端为低电平，转换开关 MUX 把输出级与锁存器的 $\overline{Q}$ 端接通，同时因与门输出为低电平，输出级 T1 管处于截止状态，输出级为漏极开路电路。

在 I/O 模式下作为输出口使用时，来自 CPU 的"写"脉冲加在锁存器时钟端 CP 上，由内部总线输出的数据从 D 端进入，经反相后出现在 Q 反端，再经 V2 管反相，于是在 P0.x 位引脚上的数据正好与内部总线上的输出数据一致，P0 口应外接上拉电阻(10kΩ 左右)，否则 P0 口无法输出高电平。

在 I/O 模式下作为输入口使用时，在输入操作前应先向端口写"1"。因为端口引脚在内部直接与场效应管连接，如果在输入操作时锁存器原来的状态 Q 为"0"，则使 T2 处于饱和状态，即端口引脚 P0.x 的电平被 T2 钳制在"0"电平。这样，外部加在引脚上的电平将不能正确地输入到内部总线上。因此，在进行 I/O 输入操作前应先向端口写"1"，这时输出级两个场效应管均截止，可作为高阻抗输入，通过三态输入缓冲器读取引脚信号，从而完成输入操作。

由于在读引脚时必须连续使用两条指令(对端口置 1 和读指令)，因此附加了一个准备动作，所以这类 I/O 口被称为"准双向"口。MCS-51 的 P0、P1、P2、P3 口作为输入/输出口时都是"准双向"口。P0 口作为 I/O 口输入时，端口中的两个三态缓冲器用于读操作。读操作有 2 种，读引脚和锁存器。

读引脚：当执行一般的端口输入指令时，引脚上的外部信号既加在三态缓冲器 BUF2 的输入端，又加在场效应管 V2 漏极上；若此时 V2 导通，则引脚上的电位被钳在 0 电平上。为使读引脚能正确地读入，在输入数据时，要先向锁存器置"1"，使其 Q 反端为 0，使输出级 V1 和 V2 两个管子均被截止，引脚处于悬浮状态；作高阻抗输入。"读引脚"脉冲把三态缓冲器打开，于是引脚上的数据经缓冲器到内部总线。

读锁存器：这种读操作是为了"读—修改—写"指令的需要，即先读端口，再对读入的数据修改，然后再写入锁存器。例如，逻辑与、或、非等指令。

2) P0 口作为低 8 位地址/数据复用总线使用

若单片机外部扩展存储器，P0 输出低 8 位地址或数据信息，此时控制端应为高电平，转换开关 MUX 将反相器输出端与输出级场效应管 T2 接通，同时与门开锁，内部总线上的地址或数据信号通过与门去驱动 T1 管，又通过反相器去驱动 2 管，这时内部总线上的地址或数据信号就传送到 P0 口的引脚上。在该模式下，P0 口拥有内部上拉电阻，工作时低 8 位地址与数据线分时使用

P0 口。低 8 位地址由 ALE 信号的负跳变使它锁存到外部地址锁存器中而高 8 位地址由 P2 口输出。P0 口作为地址/数据总线分时复用口。当 80C51 单片机外部扩展存储器或者 I/O 接口芯片，需要 P0 口作为地址/数据总线分时使用时，"控制"信号输出高电平；转换开关 MUX 将 V2 与反相器输出端接通，同时"与门"开锁，"地址/数据"信号通过与门驱动 V1 管，并通过反相器驱动 V2 管，使得 P0.x 引脚的输出状态随"地址/数据"状态的变化而变化。其具体输出过程如下：

当"地址/数据"内容为 1 时，"与门"输出 1，V1 场效应管导通，而 V2 场效应管截止，P0.x 输出为 1。

当"地址/数据"内容为 0 时，"与门"输出 0，V1 场效应管截止，而 V2 场效应管导通，P0.x 输出为 0。可见上方场效应管起到内部上拉电阻作用。

3）对 Flash 内存进行编程或校验时输入或输出代码

在对 Flash 内存进行编程下载时，P0 用于接收程序代码字节；在校验时，则输出程序代码字节，此时需要外加上拉电阻。

4）P0 口使用说明

当 P0 口被用作地址/数据总线使用时（第二功能），是一个真正的双向口，直接与外部扩展的存储器或 I/O 连接，输出/输入 8 位数据作为数据，同时通过与地址译码器连接，输出低 8 位地址。

当 P0 口作通用 I/O 口使用时（第一功能），需要在片外接上拉电阻，此时端口不存在高阻抗的悬浮状态，因此是一个准双向口。

P0 口读引脚（端口）时，输出锁存器需要先置"1"再读；若没有置"1"，将读出锁存器内容。

（2）P1 口

P1 口是一个有内部上拉电阻的准双向口，位结构如图 2-23 所示，P1 口在电路结构上与 P0 口有一些不同之处。首先它不再需要多路转接电路 MUX，其次是电路的内部有上拉电阻，与场效应管共同组成输出驱动电路。P1 口是一个准双向口，字节地址为 90H，位地址为 90H~97H。作为通用 I/O 口使用，它能读引脚和读锁存器，也可用于读—修改—写。输入时，先写入"FF"，对于通常的 51 内核单片机而言，P1 口是单功能端口，只能作为通用的 I/O 端口。P1 口位电路由 1 个数据输出锁存器、2 个数据输入缓冲器和输出驱动电路 3 个部分组成。1 个数据输出锁存器用于输出数据位的锁存。2 个三态的数据输入缓冲器 BUF1 和 BUF2 分别用于读锁存器数据和读引脚数据的输入缓冲。输出驱动电路由 1 个场效应管（FET）和 1 个片内上拉电阻组成。Pl 每个口可独立控制，内带上拉电阻，输出没有高阻状态。

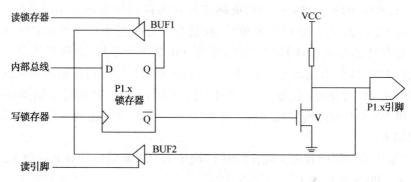

图 2-23　P1 口的位结构图

1）P1 作为普通 I/O 口使用

作为输出口使用时，已能向外提供推拉电流负载，无须再外接上拉电阻。在作为输入时，和 P0 口一样，必须先将"1"写入锁存器，使场效应管 2 截止，从而完成输入操作。P1 口作为输出口时，若 CPU 输出"1"，Q=1，$\overline{Q}=1$，场效应管截止，P1 口引脚输出高电平；若 CPU 输出"0"，$\overline{Q}=0$，Q=1，场效应管导通，P1 口引脚输出低电平。P1 口作为输入口时，分为"读锁存器"和"读引脚"两种方式。"读锁存器"时，锁存器输出端 Q 的状态经输入缓冲器 BUF1 进入内部总线："读引脚"时，先向锁存器写"1"，使场效应管截止，P1.n 引脚上的电平经输入缓冲器 BUF2 进入内部总线。P1 口是准双向口，有内部上拉电阻，没有高阻抗输入状态，只能作为通用 I/O 口使用。P1 口作为输出口使用时，无须再外接上拉电阻。读引脚时，必须先向电路中锁存器写"1"，使输出级的 FET 截止。

2）P1 口引脚复用功能

对于 52 系列等内部具有 T2 的单片机，P1.0 与 P1.1 可以配置成定时计数器 2 的外部计数输入端(P1.0/T2)与定时计数器 2 的触发输入端(P1.0/T2EX)，对于 AT89S 系列单片机，P1.5、P1.6、P1.7 用于 Flash 内存的 ISP 下载引脚，见表 2-3。

表 2-3　P1 口引脚复用功能

P1 口引脚	复用功能
P1.0	T2(定时/计数器的外部输入端)
P1.1	T2EX(定时/计数器 2 的外部触发端和双向控制)
P1.5	MOSI(串行数据输入)
P1.6	MISO(串行数据输出)
P1.7	SCK(串行时钟输入)

（3）P2 口

P2 口是双功能口，字节地址为 A0H，位地址为 A0H ~ A7H。位电路结构包括以下几个部分：1 个数据输出锁存器，用于输出数据位的锁存；2 个三态数据输入缓冲器 BUF1 和 BUF2，分别用于读锁存器数据和读引脚数据的输入缓冲；1 个多路转接开关 MUX，它的一个输入是锁存器的 Q 端，另一个输入是地址的高 8 位；输出驱动电路，由场效应管（FET）和内部上拉电阻组成。

① P2 口作为通用 I/O 口使用。当 P2 口作为通用 I/O 口使用时，是一个准双向口，位结构如图 2-24 所示，此时转换开关 MUX 倒向左边，输出级与锁存器接通，引脚可接 I/O 设备，当内部控制信号作用时，MUX 与锁存器的 Q 端连通。这时如果 CPU 输出"1"，Q=1，场效应管截止，P2.x 引脚输出"1"；如果 CPU 输出"0"，Q=0，场效应管导通，P2.x 引脚输出"0"。CPU 的命令信号与 P2.x 引脚的输出信号保持一致。输入时，也是分为"读锁存器"和"读引脚"两种方式。工作原理和 P1 口类似，不再赘述。

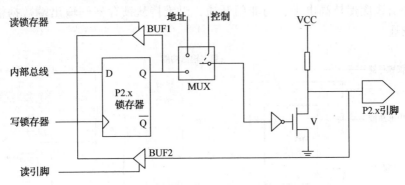

图 2-24　P2 口的位结构图

② P2 口作为高 8 位地址总线口使用。当系统扩展外部存储器时，P2 口用于输出高 8 位地址 A15 ~ A8。这时在 CPU 的控制下，转换开关 MUX 倒向右边，接通内部地址总线。在访问外部程序内存或 16 位的外部数据存储器（如执行 MOVX@ DPTR 指令）时，P2 口送出高 8 位地址；在访问 8 位地址的外部数据存储器（如执行 MOVX@ Ri 指令）时，P2 口引脚上的内容［就是专用寄存器（SFR）区中 P2 寄存器的内容］，在整个访问期间不会改变。当内部控制信号作用时，MUX 与地址线连通。当地址线为"0"时，场效应管导通，P2 口引脚输出"0"；当地址线为 1 时，场效应管截止，P2 口引脚输出"1"。作为通用 I/O 口使用时，P2 口为一个准双向口，功能与 P1 口一样。作为地址输出线使用时，P2 口可以输出外存储器的高 8 位地址，与 P0 口输出的低 8 位地址一起构

成 16 位地址线。

③ 对 Flash 内存进行编程和校验时接收高位地址。在对 AT89 系列单片机内部 Flash 并行程序设计和程序校验时，P2 口也接收高位地址或一些控制信号。

(4) P3 口

1) P3 口作为通用 I/O 口使用

P3 口是一个多用途口，也是一个准双向口，P3 口的位结构如图 2-25 所示，作为第一功能(通用 I/O 端口)使用时，与非门应为开启状态，即第二输出功能端应保持高电平。当 CPU 输出"1"时，Q = 1，场效应管截止，P3.x 引脚输出为"1"。CPU 输出"0"时 Q=0，场效应管导通，P3.x 引脚输出为"0"，此时 P3.x 的状态跟随 CPU 输出状态改变。当 P3 口用作第一功能通用输入时，P3.x 位的输出锁存器和第二输出功能均应置"1"，场效应管截止，P3.x 引脚信息绕过场效应管，通过输入 BUF3 和 BUF2 进入内部总线，完成"读引脚"操作。当 P3 口实现第一功能通用输入时，也可以执行"读锁存器"操作，此时 Q 端信息经过缓冲器 BUF1 进入内部总线，其功能同 P1 口。当作为 I/O 使用时，第二功能信号引线应保持高电平，与非门开通，以维持从锁存器到输出端数据输出通路的畅通。

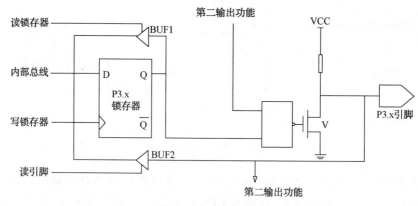

图 2-25　P3 口的位结构图

2) P3 口作为输入功能及第二输出功能

P3 口还接收一些控制信号，当作为第二功能使用时，每一位功能定义见表 2-4。P3 口的第二功能实际上就是系统具有控制功能的控制线。当输出第二功能信号时，该位的锁存器应置"1"，使与非门对第二功能信号的输出是畅通的，从而实现第二功能信号的输出。具体过程是当选择第二输出功能时，与非门开启，所以该位的锁存器需要置"1"。当第二输出为"1"时，场效应管截止，P3.x 引脚输出为"1"；当第二输出为"0"时，场效应管导通，P3.x 引脚输出为"0"。当选择第二输入功能时,该位的锁存器和第二输出功能端均应置"1",保证场效应管截止,P3. x 引脚的信息绕过场效应管由输入缓冲器 BUF3 的输出获得。CPU 区分单片机的引脚是否有第二功能,只要 CPU 执行到相应的指令,就自动转成了第二功能。

表 2-4　P3 口引脚与复用功能

P3 口引脚	复用功能
P3.0	RXD(串行输入口)
P3.1	TXD(串行输出口)
P3.2	INT0(外部中断 0)
P3.3	INT1(外部中断 1)
P3.4	T0(定时器 0 的外部输入)
P3.5	T1(定时器 1 的外部输入)
P3.6	WR(外部数据存储器写选项)
P3.7	RD(外部数据存储器读选项)

2.2.4　I/O 接口的扩展技术

(1) I/O 接口的功能

多种多样外设的工作速度差别很大,大多数外设的速度很慢,无法和微秒量级的单片机速度相比。单片机和外设之间的数据传送方式有同步、异步、中断 3 种。无论采用哪种方式来设计 I/O 接口电路,单片机只有在确认外设已为数据传送做好准备的前提下才能进行 I/O 操作。而知道外设是否准备好,就需要 I/O 接口电路与外设之间传送状态信息,以实现单片机与外设之间的速度匹配

由于单片机工作速度快,数据在数据总线上保留的时间十分短暂,无法满足慢速外设的数据接收。I/O 电路应具有数据锁存器,以保证输出数据能被接收设备所接收,数据输出锁存应成为 I/O 接口电路的一项重要功能。

输入设备向单片机输入数据时,要经过数据总线,但数据总线上面可能"挂"有多个数据源。为了传送数据时不发生冲突,只允许当前时刻正在进行数据传送的数据源使用数据总线,其余的数据应处于隔离状态。为此,要求接口电路能为数据输入提供三态缓冲功能。

(2) I/O 端口的编址

在学习 I/O 端口编址前,首先需要弄清楚 I/O 接口(Interface)和 I/O 端口(Port)的概念。I/O 端口简称 I/O 口,常指 I/O 接口电路中具有端口地址的寄

存储器或缓冲器。I/O 接口是指单片机与外设的 I/O 接口芯片。一个 I/O 接口芯片可以有多个 I/O 端口，传送数据的称为数据口，传送命令的称为命令口，传送状态的称为状态口，当然，并不是所有的外设都需要 3 种端口齐全的 I/O 接口。

因此，I/O 端口的编址实际上是给所有 I/O 接口中的端口赋予一个地址，且此地址是唯一的，把这样的地址称为端口地址，这样 CPU 与接口交换数据，就变成了与端口交换数据所有的端口都需要编址，不同的计算机采用的编址方式不尽相同。常用的 I/O 端口编址有两种方式，一种是统一编址方式（或称为存储器映像编址），另一种是独立编址方式。

1）统一编址方式

统一编址就是 I/O 端口的寄存器与存储器单元同等对待，统一进行编址。把存储器的一部分地址空间分给端口，把每一个端口作为一个存储单元统一编址的优点是对端口信息的处理就像对存储器单元一样，不必专门设置专门的输入/输出指令来访问端口，直接使用访问数据存储器的指令进行 I/O 操作，简单、方便且功能强。但是，统一编址会减少存储器容量，AT89 系列单片机使用的是 I/O 和外部数据存储器 RAM 统一编址的方式，用户可以把外部 64KB 的数据存储器 RAM 空间的一部分作为 I/O 接口的地址空间，每一接口芯片中的 1 个功能寄存器（端口）的地址就相当于 1 个 RAM 存储单元，CPU 可以像访问外部数据存储器 RAM 那样访问 I/O 接口芯片，对其功能寄存器进行读/写操作。

2）独立编址

独立编址就是 I/O 地址空间和存储器地址空间分开编址，端口不占存储器地址空间。独立编址的优点是 I/O 地址空间和存储器地址空间相互独立，界限分明。但是，必须设置专门的输入/输出指令访问端口。访问存储器与访问端口采用不同的指令、译码后，产生的控制信息不同，其地址虽有重叠，但不会发生冲突。

(3) I/O 接口数据的传送方式

为了实现和不同外设的速度匹配，I/O 接口必须根据不同外设选择恰当的数据传送方式。I/O 数据传送的方式通常有 3 种：无条件传送方式、查询传送方式和中断传送方式。

1）无条件传送方式

无条件传送又称为同步传送。当外设时刻都处于"准备好"状态，外设的速度可与单片机速度相比拟时，常采用同步传送方式。这种方式不需要交换状态信息。例如，将数据输出给 LED 数码管时，一般采用这种传送方式。由于无条件传送方式在任何时候都不考虑外设是否准备好，常常会产生错误，所以只在很少场合使用此种传送方式。

2）查询传送方式

查询传送又称为有条件传送，也称为异步传送查询传送方式，可以避免无条件传送方式出现的错误。在查询传送方式中，单片机首先要查询外设是否准备好，只有当外设准备好后，再进行数据传送。查询方式的过程为：查询—等待—数据传送，查询传送的优点是通用性好，可用于各种速度的外设和单片机之间的数据传送，硬件连线和查询程序十分简单；其缺点是效率不高，在连续传送数据时，每传送一个数据，都有一个等待过程。等待期间 CPU 不能进行其他操作，CPU 利用率低。为了提高单片机的工作效率，通常采用中断传送方式。

3）中断传送方式

中断传送方式是利用 AT89 系列单片机本身的中断功能和 I/O 接口的中断功能来实现 I/O 数据的传送。在这种方式中，CPU 不再进行查询，只有在外设准备好后，发出数据传送请求，才中断主程序，而进入与外设进行数据传送的中断服务程序，进行数据的传送。中断服务完成后又返回主程序继续执行。因此，采用中断传送方式可以大大提高单片机的工作效率。

2.2.5　电平特性

单片机是一种数字集成芯片，数字电路中只有两种电平：高电平和低电平。为了让大家在刚起步的时候对电平特性有一个清晰的认识，我们暂且定义单片机的输出与输入为 TTL 电平，其中高电平为+5V，低电平为 0V。计算机的串口为 RS-232C，其中高电平为-12V，低电平为+12V。这里要强调的是，RS-232C 为负逻辑电平，故有以上写法。因此当计算机与单片机之间要通信时，需要加电平转换芯片，在 TX-IC 单片机实验板上所加的电平转换芯片是 MAX232。

常用的逻辑电平有 TTL、CMOS、LVTTL、ECL、PECL、GTL、RS-232、RS-485、LVDS 等。其中，TTL 和 CMOS 逻辑电平按典型电压可分为 4 类：5V 系列(5VTTL 和 5V CMOS)、3.3V 系列、2.5V 系列和 1.8V 系列。

5V TTL 和 5V CMOS 是通用的逻辑电平，3.3V 及以下逻辑电平被称为低电平逻辑电平，常用的为 LVTTL 电平，低电压逻辑电平还有 2.5V 和 1.8V 两种。ECL/PECL 和 LVDS 是差分输入/输出，RS-422/485 和 RS-232 是串口的接口标准，RS-422/485 是差分输入/输出，RS-232 是单端输入/输出。

TTL 电平信号用得最多，这是因为数据表示通常采用二进制，+5V 等价于逻辑 1，0V 等价于逻辑 0，被称为 TTL(晶体管逻辑电平)信号系统。这是计算机处理器控制的设备内部各部分之间通信的标准技术。TTL 电平信号对于计算机处理器控制的设备内部的数据传输是理想的，首先，计算机处理器控制的设备内部的数据传输对于电源的要求不高，热损耗也较低；其次，TTL 电平信号直接与集成电路连接，不需要价格昂贵的线路驱动器和接收器电路；再者，计算机处理器控制的设备内部的数据传输是在高速下进行的，TTL 接口的操作恰能满足这一要求。

　　TTL 型通信大多数情况下采用并行数据传输方式，但因为可靠性和成本两方面的原因，并行数据传输对于超过 10ft(约 3m) 的距离就不适合了。并行接口中存在着偏相和不对称问题，这些问题对可靠性均有影响；另外，电缆和连接器的并行通信费用比串行的也要高一些。CMOS 电平 V_{cc} 可达 12V，CMOS 电路输出高电平约为 $0.9V_{cc}$，而输出低电平约为 $0.1V_{cc}$。CMOS 电路中不使用的输入端不能悬空，否则会造成逻辑混乱。另外，CMOS 集成电路电源电压可以在较大范围内变化，因而对电源的要求不像 TTL 集成电路那样严格。

　　TTL 电路和 CMOS 电路的逻辑电平关系如下：①VOH。逻辑电平 1 的输出电压。②VOL。逻辑电平 0 的输出电压。③VIH。逻辑电平 1 的输入电压。④VIL。逻辑电平 0 的输入电压。

　　TTL 电平临界值：① $VOH_{min} = 2.4V$，$VOL_{max} = 0.4V$；② $VIH_{min} = 2.0V$，$VIL_{max} = 0.8V$。

　　CMOS 电平临界值(电源电压为+5V)：① $VOH_{min} = 4.99V$，$VOL_{max} = 0.01V$；② $VIH_{min} = 3.5V$，$VIL_{max} = 1.5V$。

　　TTL 和 CMOS 的逻辑电平转换：CMOS 电平能驱动 TTL 电平，但 TTL 电平不能驱动 CMOS 电平，需加上拉电阻。

　　通常情况下，单片机、DSP、FPGA 之间引脚能否直接相连要参考以下情况进行判断：同电压的可以相连，不过最好先查看芯片技术手册上 VIL、VIH、VOL、VOH 的值是否匹配，有些情况在一般应用中没有问题，但参数上就是有点不够匹配，在某些情况下可能不够稳定，或者不同批次的器件就不能运行。

2.2.6　并行通信及接口基础

(1) 并行通信及接口

　　并行通信是指在传送数据时，在多条数据传输线上同时传送 2bit 以上的数据，通常传送的数据位数有 8bit、16bit、32bit 等。

　　并行通信的优点是：数据传送速率高，同时传送的 bit 数越多，传送速率越高；缺点是：需要的数据传输线数多，随着传输距离的增加，不仅传输线的开销显著增大，而且会因线间相互干扰会降低数据传送速度。并行通信一般用于传输距离不超过 20m 的场合。

　　实现并行通信的接口就是并行通信接口，简称并行接口或并口，可分为简单和可编程两类，简单并行口的结构、功能和操作一般都是简单的、不可编程的；

可编程并行口的一般是较复杂的、可编程的。

（2）端口的编址与特殊寻址方式

在 I/O 接口内部通常有数据输入/输出缓冲或锁存器、状态寄存器和控制寄存器等，交换数据时 CPU 需要访问它们，它们被称为接口与 CPU 进行数据交换的端口（Port）。

要正确访问端口，如同 CPU 访问存储器单元一样，端口必须有 CPU 可以直接访问的唯一地址。为此，必须给每个端口分配适当的地址，即端口编址。目前，在微机系统中，一般有统一编址和独立端址 2 种端口编址方式。

1）统一编址方式

统一编址方式就是从存储器地址空间中划出一部分作为端口地址，即把端口当作存储器单元一样进行访问。例如，在 MCS51 微控制器中，P0～P3 口等都是使用的内部数据存储器地址；扩展 I/O 口时，也往往使用外部数据存储器地址空间。

统一编址方式的优点：凡是用于访问存储器的指令均可以用于访问端口，并且指令类型多，访问方便灵活；没有专用于访问端口的指令，简化了 CPU 的指令系统。

统一编址方式的缺点：端口占用了存储器的地址空间，减少了宝贵的存储空间；有时会令长度比专用端口访问指令要长，因此执行速度较慢。

2）独立编址方式

独立编址方式就是端口用独立的地址空间，完全不占用储存空间，如 Intel 8086/8088、Z80 等 CPU 系统中端口的编址方式。

在这种编址方式中，设有端口专用访问指令，如 Z80 的 IN. OUT 指令等；端口与存储器共享系统的地址总线和数据总线，但控制总线是分开的。

独立编址方式的优缺点正好与统一编址方式的相反。

3）端口的特殊寻址方式

无论 CPU 是采用统一编址还是独立编址，都要占用宝贵的地址空间，为了节省地址空间或减少集成电路芯片引脚数量，一个接口往往对外仅呈现一个或少数个端口，即只占用 CPU 的一个或少数个地址。

一个 I/O 接口可能包含多个缓冲器、锁存器和寄存器等，通过较少的端口访问它们就要采用特殊的寻址方法。常用的特殊寻址方法有：特征位法、索引法和特定顺序法等。特征位法的寻址方法是：在写入端口的数据字节中，分配几个 bit 作为特征位，用于区分访问的是哪一个寄存器。索引法的寻址方法是：在每一次访问端口时，先通过端口写入一个索引值，用于确定下一次所访问的寄存器。特定顺序法的寻址方法是：按照特定的顺序逐一访问一个接口中所有的寄存器。

(3) 接口中的数据传送方式

接口作为连接 CPU 与外设的"桥梁"，一方面与 CPU 进行数据交换，一方面与外设进行数据传送。无论在 CPU 与接口还是在接口与外设之间，数据传送都是在双方间进行的。由于数据传送双方的特性差异和传送要求不同，为了保证正确传送数据和提高传送效率，在不同的情况下可以采用不同的数据传送方式。

1) 同步传送方式

同步传送方式以事先规定的传送速度在发送与接收双方之间传送数据，这个规定的速度是双方都能够达到的。在同步传送方式中，一般需要用于同步发送和接收双方的时钟信号。

同步传送方式的优点是数据传送速度高，缺点是接口结构较复杂。主要用于近距离和要求较高的远距离场合。例如，CPU 与磁盘驱动器的数据传送、同步串行通信等。同步传送方式的一个特例是无条件传送方式。

无条件传送方式没有同步时钟信号，而是认为数据传送的收发双方始终是准备就绪的，且数据传送速度是匹配的，也就是说，当需要输出数据时，就无条件地写入数据；当需要输入数据时，就无条件地读取数据。它的优点是接口结构简单，主要用于功能比较简单的接口；缺点是不适用于速度相差太大的情况。

2) 异步传送方式

异步传送方式就是通过状态信号来协调双方的数据传送过程与速度。根据状态信号的多少和类型，异步传送分为查询传送方式、应答传送方式和中断传送方式。

在查询传送方式中，被动方提供"准备就绪"状态信号(Ready)，电路结构与传送流程如图 2-26 所示。当主动方传送数据时，首先检查被动方是否准备就绪。如果准备好，则进行数据传送；如果没有准备就绪，则等待，直至被动方准备就绪。

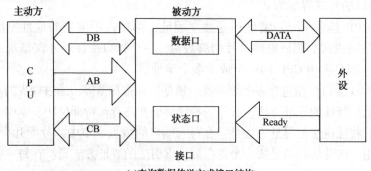

(a)查询数据传送方式接口结构

图 2-26　查询数据传递方式

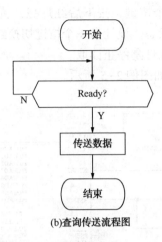

(b)查询传送流程图

图2-26　查询数据传递方式(续)

查询传送方式解决了数据收发双方速度不匹配的问题，其优点是：简化电路和过程；缺点：主动方查询需等待被动方准备就绪，浪费了宝贵的时间，影响了系统的实时性。在应答传送方式中，主动方和被动方都提供状态联络信号(STB、RDY)，如图2-27所示。

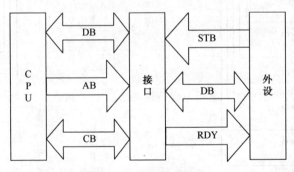

图2-27　应答数据传递方式

【例程4】独立按键

系统按键面板是单片机程序中较为简单的教程，是单片机开发者由基础程序开发走向复杂程序开发所必须掌握的教程。本例程讲述的为8个独立按键和8个发光二级管(LED)，并且可以选择某个按键来控制LED的亮灭，具体由编写的程序确定。

① 教授内容：教授独立按键和矩阵按键的应用(本例程只教授独立按键的应用，矩阵按键在教授例程10矩阵键盘的应用时讲解)。

② 作业需求：设计一个按键，按下后红灯亮，黄灯闪烁，3s 后黄灯停止闪烁，这个是设置报警上限状态。设计另一个按键切换红灯和绿灯的亮灭，绿灯是读取系统运行温度状态，红灯是停止读取。

③ 仿真电路：电路图如图例 2-5 所示。

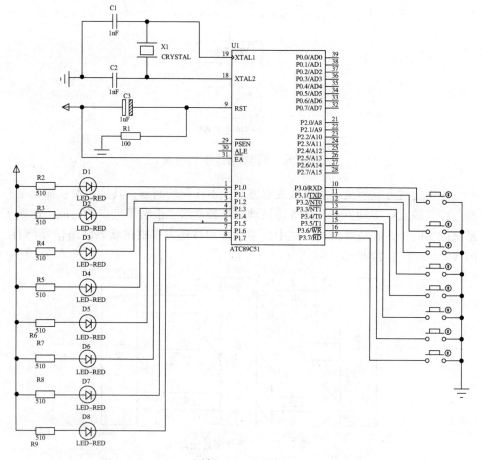

图例 2-5　电路图

外设器件由 8 个红色 LED 灯(Proteus 中的名称：LED-BIBY)和 8 个按键(BUT-TON)组成，分别接入 51 单片机的 P1.0~P1.7 口和 P3.0~P3.7 口，且开关接地。

分析这个外设电路我们可以看出，当 P3.0~P3.7 口中有高电位时，则对应的 P1.0~P1.7 口所对应的 LED 灯点亮，即可达成目标。

④ 流程图：

通过上述外设电路的分析，可以做出流程图如图例 2-6 所示。这个程序是没有终止的死循环。

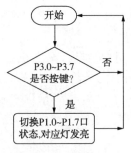

图例 2-6　电路流程图

⑤ 源程序：

main. c

```
/* 一个按键锁定控制一个 LED 亮灭的程序 */
#include<reg51. h> // 调用 reg51. h 文件对单片机各特殊功能寄存器进行地址
定义
sbit LED = P1^0;
sbit S1 = P3^0;

//对数据类型进行声明定义
typedef unsigned int u16;
typedef unsigned char u8;
/* 以下为主程序部分 */
void main(void) {
    S1 = 1;
    while(1) {
        if(S1! = 1) // if(如果) S1 的反值为 1，表示按键按下，则执行本 if
            大括号内的语句
            // 如果 S1 的反值不为 1(按键未按下)，则执行本 if 大
            括号之后的语句

        {
            delay(100);
            if(S1! = 1) // 再次检测按键是否按下，按下则执行本 if 大括号
内的语句，未按下则执行本 if 尾大括号之后的语句
                {      // 第二个 if 语句首大括号
```

```
                    while(S1! =1);// 检测按键的状态,按键处于闭合(S1!
=1 成立)则反复执行 while 语句
                    // 按键一旦释放断开马上执行 while 之后的语句
                    LED=! LED;// 将 P1.0 端口的值取反
                }
            }
        }
    }
```

上述程序为 P3.0 口控制 P1.0 口的程序,改变 sbit LED 和 sbit S 可对 P3.1~P3.7 口和 P1.1~P1.7 口进行定义控制。

将这个文件加入 Keil 的工程中,并进行编译,即可在同一文件夹中生成 main.hex 文件。这个 hex 文件可以在 Proteus 中进行仿真,或者通过烧录器烧写进实体的 51 单片机中。

⑥ 提示:

作业中要求设计一个按键,按下后红灯亮,黄灯闪烁,3s 后黄灯停止闪烁,按下按钮后红灯一直处于高电位,可定义一个定时中断服务函数来控制黄灯的动作状态。

当一个按键切换红灯和绿灯的亮灭时,可定义一个函数,通过按钮变化控制函数变化进而切换红灯和绿灯的亮灭。

【例程 5】按键消抖

在单片机应用系统中,通常需要通过输入装置对系统进行初始设置和输入数据等操作,这些任务由键盘来完成。键盘是单片机应用系统中最常用的输入设备之一,由若干按键按照一定规则组成,每一个按键实际上是一个开关元件。目前,单片机应用系统中使用最多的键盘可分为编码键盘和非编码键盘。编码键盘使用方便,但价格较贵,一般的单片机应用系统很少采用。非编码键盘只提供简单的行和列的矩阵,应用时由软件来识别键盘上的闭合键,它具有结构简单、使用灵活的特点,因此被广泛应用在单片机控制系统中。而非编码键盘常用的类型有独立式键盘和矩阵键盘两种。

① 教授内容:教授独立按键和矩阵按键的应用(本例程只教授独立按键的应用,矩阵按键在教授例程 10 矩阵键盘的应用时讲解)。

② 作业需求:设计一个按键,按下后红灯亮,黄灯闪烁,3s 后黄灯停止闪烁,这个是设置报警上限状态。设计另一个按键切换红灯和绿灯的亮灭,绿灯是

读取系统运行温度状态，红灯是停止读取。

③ 仿真电路：电路图如图例 2-7 所示。

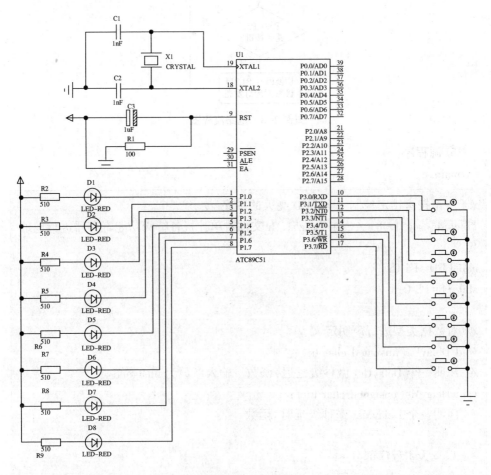

图例 2-7　电路图

外设器件由 8 个红色 LED 灯（Proteus 中的名称：LED－BIBY）和 8 个按键（BUTTON），分别接入 51 单片机的 P1.0～P1.7 口和 P3.0～P3.7 口，且开关接地。

分析这个外设电路我们可以看出，当 P3.0～P3.7 口中有高电位时，则对应的 P1.0～P1.7 口所对应的 LED 灯点亮，即可达成目标。

④ 流程图

通过上述外设电路的分析，可以做出流程图如图例 2-8 所示。这个程序是没有终止的死循环。

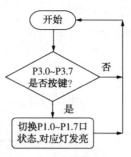

图例 2-8　电路流程图

⑤ 源程序:

main. c

```
/*一个按键锁定控制一个 LED 亮灭的程序*/
#include<reg51. h> // 调用 reg51. h 文件对单片机各特殊功能寄存器进行地址
定义
sbit LED = P1^0;
sbit S1 = P3^0;

// 对数据类型进行声明定义
void DelayUs( unsigned char tu);
// 声明一个 DelayUs(微秒级延迟)函数, 输入参数为 unsigned
void DelayMs( unsigned char tm);
// 声明一个 DelayMs(毫秒级延时)函数

/*以下为主程序部分*/
void main (void){
S1 = 1;
while (1){
if(S1! =1)   // if(如果)S1 的反值为 1, 表示按键按下, 则执行本 if 大括号
内的语句,
            // 如果 S1 的反值不为 1(按键未按下), 则执行本 if 大括号之后的
语句
{
DelayMs(10);
```

```
// 若按下按键，则执行 DelayMs 函数，DelayMs 的输入参数 tm 被赋值 10，
            // 延时约 10ms，在此期间内按键产生的抖动信号不影响程序
if(S1! =1) // 再次检测按键是否按下，按下则执行本 if 大括号内的语句，
        // 未按下则执行本 if 尾大括号之后的语句
{
while(S1! =1);      // 检测按键状态，按键处于闭合(S1! =1 成立)则反复
执行 while 语句，
                // 按键一旦释放断开马上执行 while 之后的语句
LED=! LED;
            }
          }
        }
      }
```

```
/* 以下 DelayUs 为微秒级延时函数，其输入参数为 unsigned char tu（无符号
字符型变量 tu），
tu 值为 8 位，取值范围 0~255，如果单片机的晶振频率为 12M，本函数延时
时间可用
T=(tu*2+5)us 近似计算，比如 tu=248，T=501 us≈0. 5ms */
void DelayUs (unsigned char tu) {
while(--tu);
}
```

```
/* 以下 DelayMs 为毫秒级延时函数，其输入参数为 unsigned char tm（无符号
字符型标量 tm），
, 该函数内部使用了两个 DelayUs(248) 函数，它们共延时 1002μs（约 1ms），
由于 tm 值最大为 255，故本 DelayMs 函数最大延时时间为 255ms，若将参数
定义为 unsigned int tm，则最长可获得 65535ms 的延时时间 */
void DelayMs(unsigned char tm) {
    while(tm--) {
DelayUs (248);
DelayUs (248);
    }
}
```

上述程序为 P3.0 口控制 P1.0 口的程序，改变 sbit LED 和 sbit S 可对 P3.1~
P3.7 口和 P1.1~P1.7 口进行定义控制。另外上述程序中使用了 DelayUs(tu) 和
DelayMs(tm) 两个延时函数，保证该程序正常运行时，按下按键 LED 亮，松开按
键后 LED 仍亮，再按下按键 LED 熄灭，松开按键后 LED 仍处于熄灭状态，即松
开按键后 LED 状态可以锁定，需要再次操作按键才能切换 LED 的状态。

将这个文件加入 Keil 的工程中，并进行编译，即可在同一文件夹中生成
main.hex 文件。这个 hex 文件可以在 Proteus 中进行仿真，或者通过烧录器烧写
进实体的 51 单片机中。

⑥ 提示：

作业中要求设计一个按键，按下后红灯亮，黄灯闪烁，3s 后黄灯停止闪烁，
按下按钮后红灯一直处于高电位，可定义一个定时中断服务函数来控制黄灯的动
作状态。

当一个按键切换红灯和绿灯的亮灭时，可定义一个延时函数，通过按钮变化
控制函数变化进而精准切换红灯和绿灯的亮灭。

2.3　单片机的工作方式

一个应用于嵌入式应用系统的单片机，在整个过程中的工作方式(或称工作状
态)分为复位工作方式、程序执行工作方式、低功耗工作方式以及编程和校验工作方
式4种。其中，前3种是嵌入式应用系统中单片机最主要最常见的。第4种工作方式
只有在系统程序设计调试成功并将代码写入单片机的 ROM 中后才能应用到。当程序
编写到单片机的 ROM 中后，应用系统中的单片机将一直工作于前3种工作方式下。

2.3.1　复位工作方式

单片机上电后的工作总是先从复位工作方式开始的。为了使系统从一个确定
的初始状态开始工作，单片机必须进行内部的复位操作。复位就是将单片机内部
主要的功能寄存器设置成统一初始状态的过程。

单片机复位完成后，特殊功能寄存器中除了串行接口的数据寄存器 SBUF 中的
值以及特殊功能寄存器中未定义位的值不确定外，其他特殊功能寄存器都有确定
值，除了 SP 的复位值为 07H，P0~P3 口的值为 FFH 外，其他特殊功能寄存器的值皆
为0。复位后 PC 的值为 0000H，因此，单片机在完成复位后，CPU 从程序存储器的
0000H 单元处开始取值执行，所以程序存储器的 0000H 地址又称为复位入口地址。

复位会使 ALE 和 PSEN 信号变为无效(高电平)，而内部 RAM 的内容不受影
响，但若是由 V_{CC} 上电复位，则 RAM 中的内容不确定。

　　复位操作是通过为单片机复位引脚 RST 输入高电平实现的。要在振荡器正常工作的情况下完成复位，RST 引脚上的高电平至少需要持续两个机器周期。复位完成后，复位电平需要降低为低电平来结束复位操作。

　　复位操作有上电复位和手动复位两种形式。上电复位是指单片机在上电之后产生的复位操作；手动复位是指在单片机已经上电运行的状态下对单片机进行的复位操作。上电复位电路和手动复位电路如图 2-28 所示。电路中电容的容量一般是微法级（如 10μF），电阻一般是千欧级，用于在电容放电中限流以保护电容电路，按键开关 S 为复位按键。

　　在图 2-28 复位电路中，R 和 C 构成 RC 充放电电路。加在 RST 引脚的高电平将会使单片机完成复位，复位完成后，RC 电路将 RST 引脚电平拉成低电平，从而结束单片机复位工作，进入单片机的第二种工作方式，即程序执行方式。

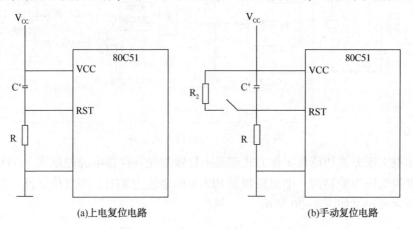

(a)上电复位电路　　　　　　　(b)手动复位电路

图 2-28　上电复位电路和手动复位电路

2.3.2　程序执行工作方式

　　程序执行工作方式是单片机最基本、最主要的工作方式。当复位引脚 RST 上的高电平撤销变为低电平后，单片机则进入程序执行工作方式。程序计数器（PC）复位后的值为 0000H，因此单片机从程序存储器的 0000H 单元取指令并开始执行程序。因为复位后 PC 指向地址为 0000H 的程序存储器单元，所以地址 0000H 称为复位入口地址。单片机在程序存储器中为复位入口预留了 3 个程序存储器字节单元，该处通常放一条转移指令，跳转到被执行程序的入口地址。

2.3.3　低功耗工作方式

　　低功耗工作方式是指在一定的场合条件下，当不需要单片机进行控制处理时，停止单片机内部部分或大部分部件的活动以降低单片机自身电能消耗的一种工作方式。单片机的低功耗工作方式在许多场合都有实际的意义，特别是在使用电池供电的智能设备中更有着实际价值和现实的意义。

MCS-51 系列的单片机有 HMOS 工艺和 CHMOS 工艺两种，HMOS 工艺的单片机只有一种低功耗工作方式，即掉电工作方式，而 CHMOS 工艺的单片机有两种低功耗工作方式——掉电工作方式和待机工作方式。下面主要讲述 CHMOS 工艺的单片机的低功耗工作方式。51 单片机内部硬件实现低功耗功能的电路如图 2-29 所示。

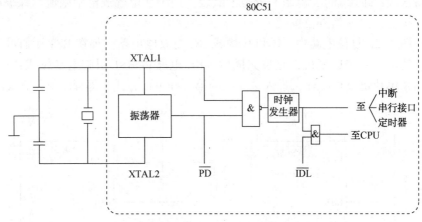

图 2-29 掉电和待机方式电路

掉电工作方式和待机工作方式都是由特殊功能寄存器电源控制器 PCON 的相关控制位来操作控制的。电源控制器 PCON 的地址为 87H，不可位寻址，其格式及各位含义定义如图 2-30 所示。

D7	D6	D5	D4	D3	D2	D1	D0
SMOD	—	—	—	GF1	GF0	PD	IDL

图 2-30 电源控制器 PCON 的格式及各位含义定义

PCON. 6. PCON. 5. PCON. 4 为保留位，未定义，其余 5 位用户可以用指令对其读出或修改，各位的含义具体如下：

SMOD(PCON.7)：波特率倍增位。用于控制单片机串行口的波特率。

GF1(PCON.3)：通用标志位 1。

GF0(PCON.2)：通用标志位 0。

PD(PCON.1)：掉电方式控制位。将该位置"1"，进入掉电工作方式。

IDL(PCON.0)：待机方式控制位。将该位置"1"，进入待机工作方式。若 PD 和 IDL 位均被置"1"，则 PD 位优先。

待机工作方式又称为空闲方式，是指当 IDL 的值等于 1 的情况下，单片机的

CPU 时钟被切断，停止工作，但仍然继续为中断系统、串行接口及定时器提供时钟的工作方式。由于在单片机的各个硬件资源中，通常 CPU 的功耗要占到整个芯片功耗的 80%~90%，所以当 CPU 的时钟被切断停止工作后，单片机芯片的功耗就会大大降低，此时芯片的工作电流一般为正常工作电流的 15%。

空闲工作方式是指 CPU 在不需要执行程序时停止工作，以取代不停地执行空操作或原地踏步等操作，达到减小功耗的目的。空闲工作方式是程序运行过程中，用户不希望 CPU 执行程序时，使其进入的一种降低功耗的待机工作方式。当程序将 PCON 的 IDL 位置置 1 后，系统就进入了空闲工作方式。在空闲工作方式下，与 CPU 有关的 SP、PC、PSW、ACC 的状态及全部工作寄存器的内容均保持不变，I/O 引脚的状态也保持不变，ALE 和 $\overline{PSEN}$ 保持为逻辑高电平。

中断退出方式。在单片机待机期间，发生任何一个被允许的中断，IDL 位都会被硬件清"0"，从而结束待机方式。CPU 则响应中断，进入中断服务程序，最后执行中断返回指令 RETI 后，PC 恢复为进入待机方式时的值，即 CPU 要执行的指令为使单片机进入待机方式的指令后的第一条指令。

PCON 中的通用标志位 GF1 和 GF0 可以作为一般的软件标志，用来指示中断响应是发生在正常工作期间还是待机期间。例如，在启动待机方式时，同时也将 PCON 中的 GF1 或 GF0 置位（置"1"），进入中断服务程序后，中断服务程序可以先检查该位，以确定服务的性质。中断结束后，程序将从待机方式启动指令之后的指令继续执行。

硬件复位退出方式。单片机复位时，各个 SFR（注意，PC 不属于 SFR）会被恢复为初始状态，电源控制寄存器 PCON 被清"0"，因此，IDL 被清"0"从而退出待机状态，CPU 从进入待机工作方式的后动命令之后继续执行。

掉电工作方式，是指当电源控制寄存器 PCON 中 PD 位的值等于 1 时，单片机内振荡器停止工作，使片内所有部件停止运行，特殊功能寄存器中的数据丢失，但只有片内 RAM 数据被保留的工作方式。

在掉电工作方式下，由于包括 CPU 在内的单片机的所有部件都已停止运行，其功耗减小到了最小，单片机的工作电流约为 $0.5~50\mu A$，工作电压 V_{CC} 可降到 2V。退出掉电工作方式的唯一方法是硬件复位。在进入掉电方式前，V_{CC} 不能降低；在退出掉电方式前，V_{CC} 应该恢复到正常的电压值，硬件复位 10ms 就能够令单片机退出掉电方式，复位后所有特殊功能寄存器的内容将被重新初始化，但内部 RAM 区的数据不变。

当单片机进入掉电方式时，必须使外围器件、设备处于禁止状态，因此在进入掉电方式前，应将一些必要的数据写入到 I/O 锁存器中，从而禁止外围器件或设备产生误动作。

2.3.4 编程和校验工作方式

编程和校验工作方式是指单片机系统程序设计调试无误后，将编译好的可执行程序代码正确写入单片机程序存储器中的一种工作方式。将编译好的可执行程序代码正确写入单片机的程序存储器后，基于单片机的应用系统（又称嵌入式系统）就可以正常运行了，因此编程和校验工作方式是嵌入式应用系统设计中的一个必要步骤。

向单片机的程序存储器 ROM 中写入数据（包括程序代码和常量）的过程称为编程。将写入的数据（包括程序代码和常量）从程序存储器中读出，然后与原数据进行比较验证的过程，称为校验。

MCS-51 系列单片机的两个子系列（51 子系列和 52 子系列）和两种生产工艺（HMOS 工艺和 CHMOS 工艺）都分别有多种型号。在同一个子系列单片机中，先后出现的不同型号实际上是与程序存储器半导体器件 ROM 在器件技术发展中出现的不同类型的 ROM 相对应的。

程序存储器 ROM（即只读存储器）在半导体器件技术的发展中，先后从最初的掩膜 ROM 到 PROM、EPROM、EEPROM，再发展到现在的 Flash ROM，不仅应用越来越方便，而且编程的效率也越来越高。现在读写速度更快的 Flash ROM 已经慢慢取代先前其他不同类型的 ROM。不同类型的 ROM 的编程方法是不同的，因此当为单片机编程时，需要查阅相关用户手册，仔细了解编程校验的方法。

【例程 6】数值显示面板

数值显示面板在单片机系统中应用非常普遍，其中广泛应用的 LED 数码管是由发光二极管构成的。数码管由七个发光二极管组成一个"日"字形，如果需要显示小数点，则加上一个点，就是八段数码管。本例是学习单片机开发比较简单的例程，有助于读者加强对数值显示面板的理解。通过在这个最基本的流程中，改变功能，调试程序，完成满足要求的设计。

① 教授内容：七段数码管的应用。

② 作业需求：设计增加两个按键控制两个数码管。黄灯闪烁时，这两个按键可以增加或减少数码管数值，以设置报警上限。

③ 仿真电路：电路图如图例 2-9 所示。

外设器件有一个七段数码管（7SEG-COM-CAT-GRN）和一个排阻 RP1（RESPACK-8）。七段数码管接入 P0.0~P0.7 口并 1 脚接地；排阻接入 P0.0~P0.7 口，1 脚接 V_{cc} 终端。

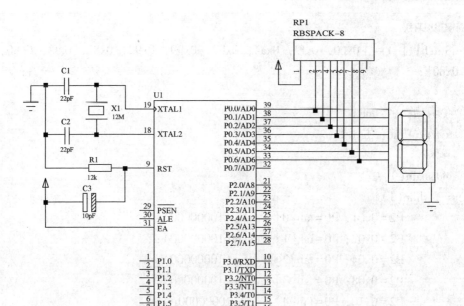

图例 2-9　电路图

分析这个外设电路能看出，P0.0-P0.7口通过处于不同的高电位来实现在七段数码管上显示不同的数字，从 0 到 9 一共有十种组合，循环往复，实现数值显示功能。

④ 流程图：

通过上述外设电路的分析，可以做出流程图如图例 2-10 所示。这个程序是没有终止的死循环。

⑤ 源程序：

main. c

图例 2-10　电路流程图

```c
#include "reg52. h"
// 对数据类型进行声明定义
typedef unsigned int u16;
typedef unsigned char u8;
// 共阴极
u8 tab [ ] = {0x3f, 0x06, 0x5b, 0x4f, 0x66, 0x6d, 0x7d, 0x07, 0x7f,
0x6f};
```

```
// 共阳极
u8 tab1 [ ] = {0xc0, 0xf9, 0xa4, 0xb0, 0x99, 0x92, 0x82, 0xf8, 0x80,
0x80};
/***
* 函 数 名: main
* 函数功能: 主函数
***/
void main( ){
    while(1){
        P2 = 0x01; P0 = tab[0]; delay(10000000);
        P2 = 0x02; P0 = tab[1]; delay(10000000);
        P2 = 0x04; P0 = tab[2]; delay(10000000);
        P2 = 0x08; P0 = tab[3]; delay(10000000);
        P2 = 0x10; P0 = tab[4]; delay10000000( );
        P2 = 0x20; P0 = tab[5]; delay(10000000);
        P2 = 0x40; P0 = tab[6]; delay10000000( );
        P2 = 0x80; P0 = tab[7]; delay(10000000);
        P2 = 0x80; P0 = tab[8]; delay(10000000);
        P2 = 0x80; P0 = tab[9]; delay(10000000);
    }
}
```

分析上面的程序, 先定义字形码, 在 tab 数组中装下了字形 0~9, 将段码送到 P0 口, 输出到 LED 段码端, 显示 0~9, 循环往复。每两个数字显示间的时间间隔通过 delay 函数实现。

将这个文件加入 Keil 的工程中, 并进行编译, 即可在同一文件夹中生成 main. hex 文件。这个 hex 文件可以在 Proteus 中进行仿真, 或者通过烧录器烧写进实体的 51 单片机中。

⑥ 作业提示:

作业中要求设计增加两个按键控制两个数码管。黄灯闪烁时, 这两个按键可以增加或减少数码管数值, 以设置报警上限。可以定义定时中断服务函数定义闪烁中断, 设置例如定时 3s 时长, 再从零开始计时。可以在 P1. 0~P1. 2 接入三个按键, 分别控制两个数码管数值增减和黄灯闪烁。

【例程 7】集成数码管显示面板

① 教授内容：

教授集成七段数码管的应用，设计电路并编写程序，实现通过按键改变数码管显示数值。按键每压下一次，数码管显示值加1，当大于9999时，显示值清零。

② 作业需求：

设计增加两个按键控制数码管。黄灯闪烁时，这两个按键可以增加或减少数码管数值，以设置报警上限。

③ 集成七段数码管的显示方式：

数码管显示器有静态和动态两种显示方式。

数码管静态显示稳定，显示方式接口编程简单。数码管静态显示时，其公共端接电源（共阳极）或接地（共阴极），在单片机 I/O 口送出相应段码就可显示字符。但静态显示占用单片机 I/O 口多，如果显示器的位数较多时，一般采用动态显示方式。四位集成七段数码管 Proteus 仿真元件图如图例 2-11 所示。

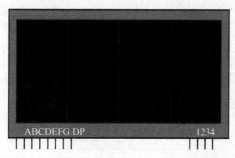

图例 2-11　四位集成七段数码管 Proteus 仿真元件图

动态显示是将所有数码管的段选线并接在一起，用一个 I/O 口控制，其公共端也通过相应的 I/O 口控制。在该例程中，我们选用的是四位共阳集成数码管，四个数码管的段选码共用 P0 口。由于所有数码管的段选线并接在一起，四位数码管的显示字符相同，要达到每位显示不同字符的需求，须使在每一瞬间只有一位数码管的公共端有效（置为高电平），即只有一位数码管点亮并延时一段时间。4 位数码管依次轮流选通，只要每位显示间隔时间足够短，由于人眼存在的视觉暂留，将整个显示过程不断循环，就可达到同时显示的效果。同时，为避免数码管显示出现闪烁现象，整个循环周期不应过长。四位集成七段数码管结构示意图如图例 2-11 所示。

④ 仿真电路：

仿真电路如图例 2-12 所示。

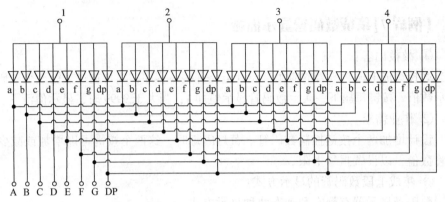

图例 2-11　四位集成七段数码管结构示意图

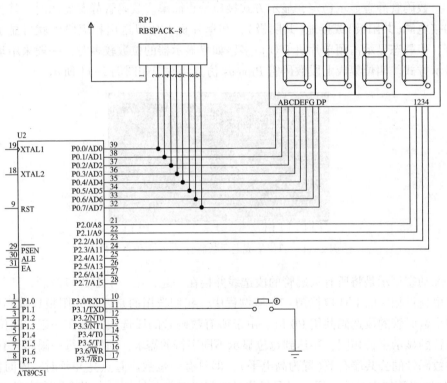

图例 2-12　集成七段数码管显示电路图

实现通过按键改变数码管显示数值。按键每压下一次，数码管显示值加 1，当大于 9999 时，显示值清零。在 Proteus 软件中选择需要用到的元器件：四位共阳数码管、排阻、按键以及 AT89C51 单片机。数码管的段选线(A、B、C、D、E、F、G、DP)接到单片机的 P0 口。数码管的四位公共端分别与单片机的 P2.0、P2.1、P2.2、P2.3 口相接，相应控制数码管显示数值的千位、百位、十位及个

位的显示与关闭。由于我们选用的是共阳数码管，当公共端接入高电平时，该位
数码管开始工作显示。

⑤ 流程图：

流程图如图例2-13所示。

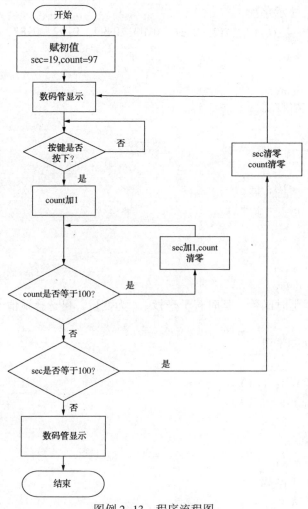

图例2-13　程序流程图

⑥ 源程序：

```
//此文件中定义了单片机的一些特殊功能寄存器
#include <reg51. h>
//对数据类型进行声明定义
typedef unsigned int u16;
```

```c
typedef unsigned char u8;
u8 count; // 定义计数值 count 的数据类型
u8 sec; // 定义计数值 sec 的数据类型
sbit key=P3^1; // 定义独立按键 key 的 I/O 口
// 共阳数码管显示字模
u8 code table[ ]={0xc0, 0xf9, 0xa4, 0xb0, 0x99, 0x92, 0x82, 0xf8, 0x80,
0x90};
/***
* 函 数 名: delay
* 函数功能: 延时函数, 延时 1ms
***/
void delay1ms( ){
    u8 i, j;
    for(i=0; i<10; i++)
    for(j=0; j<33; j++);
}


/***
* 函 数 名: delay
* 函数功能: 延时函数, 延时若干毫秒。n 为变量, 可选择赋值
***/
void delaynms(u8 n){
    u8 i;
    for(i=0; i<n; i++)
    delay1ms( );
}
/***
* 函 数 名: main
* 函数功能: 主函数
* 输    入: 无
* 输    出: 无
***/
void main(void){
    count=97; // 给计数值 count 赋初值, 得到数码管显示值的十位 9 与个
位 7
    sec=19; // 给计数值 sec 赋初值, 得到数码管显示值的千位 1 与百位 9
```

```
while(1){
    P2=0x08; // 将控制数码管第四位的 P2. 3 口置高电平
    P0= table[count%10]; // 显示初值个位
    delaynms(1);
    P2=0x04; // 将控制数码管第三位的 P2. 2 口置高电平
    P0= table[count/10]; // 显示初值十位
    delaynms(1);
    P2=0x02; // 将控制数码管第二位的 P2. 1 口置高电平
    P0= table[sec%10]; // 显示初值百位
    delaynms(1);
    P2=0x01; // 将控制数码管第一位的 P2. 0 口置高电平
    P0=table[sec/10]; // 显示初值千位
    delaynms(1);
    if (key==0){ // 软件消抖, 检测按键是否按下
        delaynms(100);
        if(key==0){ // 若按键按下
            count++; // 计数值 count 加 1
            if(count==100){ // count 加到 100 时
                sec++; // 计数值 sec 加 1
                count=0; // count 清零
                if(sec==100) // sec 加到 100 时
                sec=0;
                count=0; // sec 和 count 都清零
                P2=0x08;
                P0=table[count%10]; // 显示个位
                delaynms(1);
                P2=0x04;
                P0=table[count/10]; // 显示十位
                delaynms(1);
                P2=0x02;
                P0=table[sec%10]; // 显示百位
                delaynms(1);
                P2=0x01;
                P0=table[sec/10]; // 显示千位
                delaynms(1);
```

```
                    while(key==0); // 等待按键松开, 防止连续计数
                }
              }
            }
          }
        }
```

编程原理:

LED 字模显示原理。需要把统计到的按键次数显示在四位数码管上, 由于 AT89C51 型号单片机是 8 位机, 可一次性处理的数据长度只能在 8 位二进制数内。该例程数码管显示值范围在 0~9999, 显示不能直接进行数据处理显示。故可采取两个计数值 sec 和 count, count 使用取模运算(count%10)得到个位值, 整除 10 运算(count/10)得到十位值, sec 使用取模运算(sec%10)得到百位值, 整除 10 运算(sec/10)得到千位值。提取字模后送至 P0 口输出显示。

计数统计原理。循环读取 P3.1 口电平。若被置为低电平, 计数值 count 加 1, 若判断计满 100, 则 sec 加 1, count 清零; 同时判断 sec 是否计满 100, 若计满则 sec 与 count 均清零。为了避免按键抖动导致计数误差, 需采用软件消抖措施。

集成数码管动态显示原理。程序设计的四位数码管轮流选通顺序依次是个位、十位、百位与千位。要使数码管显示, 首先将与该位数码管公共端相接的 I/O 口置为高电平, 例如, 若使数码管的第四位(个位)显示, 需将 P2.3 口置为高电平。然后, 把要显示的段码送至 P0 口显示即可。要达到动态显示的效果, 可利用人眼视觉暂留现象, 每位数码管显示时间间隔保证足够短, 且整个循环周期尽量控制在 20ms 内。

⑦ 作业提示:

作业要求设计增加两个按键控制数码管。黄灯闪烁时, 这两个按键可以增加或减少数码管数值, 以设置报警上限。首先, 可在程序中使用 if 语句判断黄灯的状态, 并在案例所讲内容基础上, 增加一个按键与单片机的 I/O 口相接, 判断当按键压下时, 通过改变 count 和 sec 的数值, 从而实现两个按键对数码管数值的增加和减小; 设置报警上限, 在设计电路时, 加入 LED 灯或蜂鸣器。判断数码管的数值是否超过报警设定值, 若超过, 则点亮 LED 灯或引发蜂鸣器工作从而实现超限报警目的。

第3章　中断系统

在生活中经常会遇到这样的情况：正在书房看书时，突然客厅的电话响了，人们往往会停止看书，转而去接电话，接完电话后又回书房接着看书。这种停止当前工作，转而去做其他工作，做完后又返回来做先前工作的现象称为中断。

单片机也有类似的中断现象，当单片机正在执行某程序时，如果突然出现意外情况，它就需要停止当前正在执行的程序，转而去执行处理意外情况的程序(又称中断子程序)，执行处理完后又接着执行原来的程序。

3.1　中断系统概述

在计算机执行程序的过程中，由于计算机内部事件或外部事件，软件事件或硬件事件，使 CPU 从当前正在执行的程序中暂停下来，而转去执行预先安排好的、处理该事件所对应的服务程序(中断服务程序)，执行完服务程序后，再返回被暂停的位置继续执行原来的程序，这个过程称为中断。暂停时所在的位置称为断点，该点的地址称为断点地址，如图 3-1 所示。为实现中断而设置的硬件电路和相应的软件处理过程称为中断系统。

要让单片机的 CPU 中断当前正在执行的程序转而去执行中断子程序，需要向 CPU 发出中断请求信号。让 CPU 产生中断的信号源称为中断源(又称中断请求源)。8051 单片机有 5 个中断源，分别是 2 个外部中断源、2 个定时器/计数器中断源和 1 个串行通信口中断源。如果这些中断源向 CPU 发出中断请求信号，CPU 就会产生中断，停止执行当前的程序，转而去执行相应的中断子程序(又称中断服务程序)，执行完后又返回来执行原来的程序。

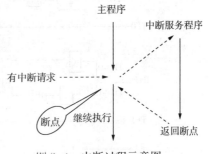

图 3-1　中断过程示意图

产生中断的原因很多，当系统有多个中断源时，有时会出现几个中断源同时请求中断的情况，但 CPU 在某个时刻只能对一个中断源进行响应，那应该响应哪个呢？这就涉及中断优先权控制问题。在实际系统中，往往根据中断源的重要程度给不同的中断源设定优先等级。当多个中断源提出中断请求时，CPU 会先响应优先级别高的中断源的请求，然后再响应优先级别低的中断源的请求。

当中断源提出中断请求，CPU 检测到后是否立即进行中断处理呢？结果不一定。CPU 要响应中断，还受到中断系统多个方面的控制，其中最主要的是中断允许和中断屏蔽的控制。如果某个中断源被系统设置为屏蔽状态，则无论中断请求是否提出，都不会响应；当中断源被设置为允许状态，且提出中断请求时，CPU 才会响应。另外，当有高优先级中断正在响应时，也会屏蔽同级中断和低优先级中断。

当 CPU 检测到中断源提出的中断请求，且中断又处于允许状态，CPU 就会响应中断，进入中断响应过程。首先对当前的断点地址进行入栈保护，然后把中断服务程序的入口地址送给程序指针 PC，转移到中断服务程序，在中断服务程序中进行相应的中断处理。最后，用中断返回指令 RETI 返回断点位置，结束中断。在中断服务程序中往往还涉及现场保护和现场恢复及其他处理。

3.2 中断控制

51 单片机的中断系统总体结构如图 3-2 所示，包含 5 个硬件中断源，两级中断允许控制，两级中断优先级控制。

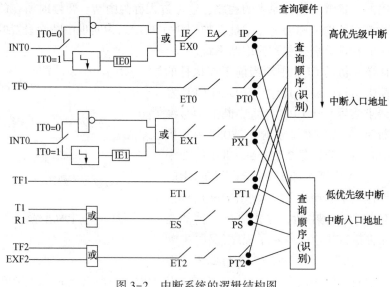

图 3-2　中断系统的逻辑结构图

3.2.1　外部中断 INT0 和 INT1

外部中断源 INT0 和 INT1 的中断请求信号从外部引脚 P3.2 和 P3.3 输入，主要用于自动控制、实时处理、单片机掉电和设备故障的处理。

外部中断请求 INT0 和 INT1 有两种触发方式：电平触发及跳变(边沿)触发。这两种触发方式可以通过对特殊功能寄存器 TCON 编程来选择。特殊功能寄存器 TCON 在定时/计数器中使用过，其中高 4 位用于定时/计数器控制，前面已介绍，低 4 位用于外部中断控制，形式如图 3-3 所示。

TCON	TF1	TR1	TF0	TR0	IE1	IT1	IE0	IT0
(88H)	D7	D6	D5	D4	D3	D2	D1	D0

图 3-3　定时/计数器控制寄存器

IT0(TI)：外部中断 0(或 1)触发方式控制位。IT0(或 IT1)被设置为 0，则选择外部中断为电平触发方式；IT0(或 IT1)被设置为 1，则选择外部中断为边沿触发方式。

IE0(IE1)：外部中断 0(或 1)的中断请求标志位。在电平触发方式时，CPU 在每个机器周期的 S5P2 采样 P3.2(或 P3.3)，若 P3.2(或 P3.3)引脚为高电平，则 IE0(IE1)清零，若 P3.2(或 P3.3)引脚为低电平，则 IE0(IE1)置"1"，向 CPU 请求中断；在边沿触发方式时，若第一个机器周期采样到 P3.2(或 P3.3)引脚为高电平，第二个机器周期采样到 P3.2(或 P3.3)引脚为低电平时，则 IE0(或 IE1)置"1"，向 CPU 请求中断。

在边沿触发方式时，CPU 在每个机器周期都采样 P3.2(或 P3.3)。为了保证检测到负跳变，输入到 P3.2(或 P3.3)引脚上的高电平与低电平至少应保持 1 个机器周期。CPU 响应后能够由硬件自动将 IE0(或 IE1)清零。

对于电平触发方式，只要 P3.2(或 P3.3)引脚为低电平，IE0(或 IE1)就置"I"，请求中断。CPU 响应后不能够由硬件自动将 IE0(或 IE1)清零。如果在中断服务程序返回时，P3.2(或 P3.3)引脚仍为低电平，则又会中断，这样就会出现一次请求、多次中断的情况。为避免这种情况，只有在中断服务程序返回前撤销 P3.2(或 P3.3)引脚的中断请求信号，使 P3.2(或 P3.3)引脚回到高电平。通常，通过在 P3.2(或 P3.3)引脚外加辅助电路，同时在中断服务程序中加上相应指令来实现。

3.2.2　定时/计数器 T0 和 T1 中断

当定时/计数器 T0(或 TI)溢出时，由硬件置 TF0(或 TFI)为"1"，向 CPU 发送中断请求。当 CPU 响应中断后，由硬件自动清除 TF0(或 TF1)。

3.2.3　串行口中断

51 单片机的串行口中断源对应两个中断标志位：串行口发送中断标志位 TI，串行口接收中断标志位 RI。无论哪个标志位置"1"，都请求串行口中断。到底是发送中断 TI 还是接收中断 RI，只能在中断服务程序中通过指令查询来判断。串行口中断响应后，不能由硬件自动清零，必须由软件对 TI 或 RI 清零。

3.2.4　两级中断允许控制

第一级中断的总体允许控制，当总体不允许时，所有的中断都将关闭。当总体控制允许时第二级允许控制才有意义。两级中断允许控制是由中断允许寄存器 IE 的各个位来控制的。中断允许寄存器 IE 的字节地址为 A8H，可以进行位寻址，格式如图 3-4 所示。

IE	EA		ET2	ES	ET1	EX1	ET0	EX0
(A8H)	D7	D6	D5	D4	D3	D2	D1	D0

图 3-4　中断允许寄存器 IE

各个位的说明具体如下：

EA：中断总体允许控制位。

ET2：定时/计数器 T2 的溢出中断允许控制位，只用于 52 子系列，51 子系列无此位。

ES：串行口中断允许控制位。

ET1：定时/计数器 T1 的溢出中断允许控制位。

EX1：外部中断 INT1 的中断允许控制位。

ET0：定时/计数器 T0 的溢出中断允许控制位。

EX0：外部中断 INT0 的中断允许控制位。

如果置"1"，则允许相应的中断；如果清零，则禁止相应的中断。系统复位时，中断允许寄存器 IE 的内容为 00H，如果要开放某个中断源，则必须使 IE 中的总体允许控制位和对应的中断允许控制位置"1"。

3.2.5　两级优先级控制

51 单片机的每个中断源都可设置为两级：高优先级和低优先级，通过中断优先级寄存器 IP 来设置。中断优先级寄存器 IP 的字节地址为 B8H，可以进行位寻址，格式如图 3-5 所示。

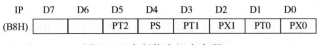

IP	D7	D6	D5	D4	D3	D2	D1	D0
(B8H)			PT2	PS	PT1	PX1	PT0	PX0

图 3-5　中断优先级寄存器 IP

各项说明具体如下：

PT2：定时/计数器 T2 的中断优先级控制位，只用于 52 子系列。

PS：串行口的中断优先级控制位。

PT1：定时/计数器 T1 的中断优先级控制位。

PX1：外部中断 INT1 的中断优先级控制位。

PT0：定时/计数器 T0 的中断优先级控制位。

PX0：外部中断 INT0 的中断优先级控制位。

如果某位被置"1"，则对应的中断源被设为高优先级；如果某位被清零，则对应的中断源被设为低优先级。对于同级中断源，系统有默认的优先权顺序，默认的优先权顺序见表 3-1。

表 3-1　同级中断源的优先级顺序

中断源编号	中断源	自然优先级别	中断入口地址（矢量地址）
0	INT0	高	0003H
1	T0		000BH
2	INT1		0013H
3	INT0		001BH
4	INT0	低	0023H

通过中断优先级寄存器 IP 改变中断源的优先级顺序可以实现两个方面的功能：改变系统中断源的优先级顺序和实现二级中断嵌套。

通过设置中断优先级寄存器 IP 能够改变系统默认的优先级顺序。例如，要把外部中断 INT1 的中断优先级设为最高，其他的按系统默认的顺序，则把 PX1 位设为 1，其余位设为 0，5 个中断源的优先级顺序为：INT1→INT0→T0 →T1 →ES。

通过中断优先级寄存器组成的两级优先级，可以实现二级中断嵌套。

对于中断优先级和中断嵌套，51 单片机有以下 3 条规定：

① 正在进行的中断过程不能被新的同级或低优先级的中断请求所中断，直到该中断服务程序结束，返回了主程序且执行了主程序中的一条指令后，CPU 才响应新的中断请求。

② 正在进行的低优先级中断服务程序能被高优先级中断请求所中断，实现

两级中断嵌套。

③ CPU 同时接收到几个中断请求时，首先响应优先级最高的中断请求。

实际上，51 单片机对于两级优先级控制的处理是通过中断系统中的两个用户不可寻址的优先级状态触发器来实现的。这两个优先级状态触发器用来记录本级中断源是否正在中断。如果正在中断，则硬件自动将其优先级状态触发器置"1"。若高优先级状态触发器置"1"，则屏蔽所有后来的中断请求；若低优先级状态触发器置"1"，则屏蔽所有后来的低优先级中断，允许高优先级中断形成二级嵌套。当中断响应结束返回时，对应的优先级状态触发器由硬件自动清零。

【例程 8】中断系统

对于单片机来讲，中断是指 CPU 在处理某一事件 A 时，发生了另一事件 B，请求 CPU 迅速去处理(中断发生)；CPU 接到中断请求后，暂停当前正在进行的工作(中断响应)，转去处理事件 B(执行相应的中断服务程序)，待 CPU 将事件 B 处理完毕后，再回到原来事件 A 被中断的地方继续处理事件 A(中断返回)，这一过程称为中断。

① 教授内容：中断源 INT0 的应用。

② 作业需求：将例程 4 中的一个按键改为中断控制；

③ 仿真电路：仿真电路如图例 3-1 所示。

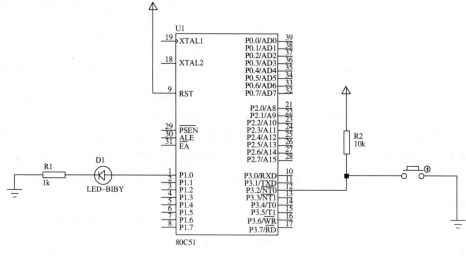

图例 3-1　仿真电路

外设器件有一个红色 LED 灯(Proteus 中的名称：LED - BIBY)和一个按键(BUTTON)，分别接入 51 单片机的 P1. 0 口和 INT0 口，二者都接地。在这个外设电路中，能够实现按键 BUTTON 的开关对红色 LED 灯进行控制。

④ 流程图：通过上述外设电路的分析，可以做出流程图如图例 3-2 所示。这个程序是没有终止的死循环。

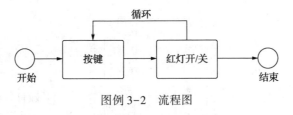

图例 3-2　流程图

⑤ 源程序：

```
#include " reg52. h"
sbit led = P1^0;
main( ) {
    led = 0;
    IT0 = 1; // 下降沿出发 INT0 外部中断
    EX0 = 1; // 允许 INT0 外部中断
    EA = 1; // 开总中断
    while(1);
}
key( ) interrupt 0 {
    led = ~led;
    IE0 = 0;
}
```

将这个文件加入 Keil 的工程中，并进行编译，即可在同一文件夹中生成 main. hex 文件。这个 hex 文件可以在 Proteus 中进行仿真。

⑥ 作业提示：作业中将例程 4 中的一个按键改为中断控制，观察本案例中的源代码，只需将例程 4 中按键后所执行的函数放在外部，加上 interrupt 0 关键字即可。

【例程 9】多中断系统

51 单片机有两个硬件中断源 INT0 和 INT1，本例程同时利用这两个中断源，并探究两者之间的影响。

① 教授内容：INT0 和 INT1 同时作用。

② 作业需求：需求将例程 4 中所有按键改为中断控制。

③ 仿真电路：仿真电路如图例 3-3 所示。

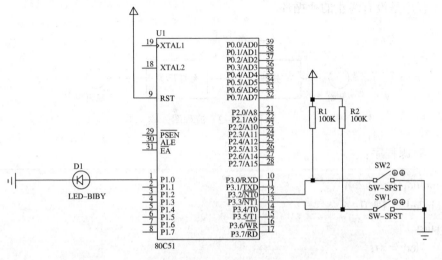

图例 3-3　仿真电路

外设器件有一个红色 LED 灯和两个开关(SW-SPST)，开关通过上拉电阻分别接入 51 单片机的 INT0 口和 INT1 口。在这个外设电路中，能够实现开关对红色 LED 灯进行控制。

④ 流程图：通过上述外设电路的分析，可以做出流程图如图例 3-4 所示。这个程序是没有终止的死循环。

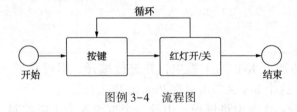

图例 3-4　流程图

⑤ 源程序：

```
#include " reg52. h"
sbit led = P1^0;
main( ) {
    led = 0;
    IT0 = 1; // 下降沿出发 INT0 外部中断
```

```
    EX0 = 1; // 允许 INT0 外部中断
    IT1 = 1; // 下降沿出发 INT1 外部中断
    EX1 = 1; // 允许 INT1 外部中断
    EA = 1; // 开总中断
    while(1);
}
key1( ) interrupt 0{
    led = 1;
    IE0 = 0;
}
key2( ) interrupt 1{
    led = 0;
    IE1 = 0;
}
```

这个程序相比较起例程 8,多加入了一个使用 interrupt 1 关键字的函数。从两个中断函数中可以看到,INT0 将 LED 灯点亮,而 INT1 将 LED 灯熄灭。

将这个文件加入 Keil 的工程中,并进行编译,即可在同一文件夹中生成 main. hex 文件。这个 hex 文件可以在 Proteus 中进行仿真。

⑥ 作业提示:

作业中将例程 4 中的所有按键改为中断控制,观察本案例中的源代码,只需将例程 4 中按键后所执行的函数放在外部,加上 interrupt 0 和 interrupt 1 关键字即可。

扫一扫,获取更多资源

扫描二维码
获取配套资料

第4章　定时和计数器

在单片机应用系统中，常常会有定时控制的需要，如定时输出、定时检测、定时扫描等，也经常要对外部事件进行计数，虽然利用单片机软件延时方法可以实现定时控制，用软件检查I/O状态方法可以实现外部计数。但这些方法都要占用大量CPU机时，故应尽量少用。MCS-51单片机片内集成了两个可编程定时/计数器模块(Timer/Counter)T0和T1，它们既可以用于定时控制，也可以用于脉冲计数，还可作为串行口的波特率发生器，本章将对此进行系统介绍。为简化表述关系，本章约定涉及Tx、THx、TLx、TFx等名称代号时，x均作为0或1的简记符。

4.1　工作原理

我们已初步建立起T0和T1的计数概念，为了更全面地了解定时/计数器的基本原理，还需从更一般的视角对其进行分析。图4-1为一个由加1计数器组成的计数单元。

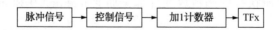

图4-1　定时/计数器的基本原理

由图4-1可知，逻辑开关闭合后，脉冲信号将对加1计数器充值。若计数器的容量为2^n（n为整数），则当数值达到满计数值后将产生溢出，使中断请求标志TFx进位为1，同时加1计数器清0。如果在启动计数之前将TFx清0，并将一个称为计数初值a的整数先置入加1计数器，则当观察到TFx为1时表明已经加入了(2^n-a)个脉冲，如此便能计算出脉冲的到达数量了。

如果上述脉冲信号是来自单片机的外部信号，则可通过这一方法进行计数统计，即可作为计数器使用。如果上述脉冲信号是来自单片机内部的时钟信号，则由于单片机的振荡周期非常精准，故而溢出时统计的脉冲数便可换算成定时时间，因此可作为定时器使用。

可见，上述定时器和计数器的实质都是计数器，差别仅在于脉冲信号的来源不同，通过逻辑切换可以实现两者的统一。这就是单片机中将定时器和计数器统称为定时/计数器的原因。

来自系统内部的振荡器经过 12 分频后的脉冲信号和外部引脚 Tx 的脉冲信号，通过逻辑开关 C/T' 的切换可实现两种功能：为 0 时是定时器方式，为 1 时是计数器方式。根据上述原理，定时器方式下的定时时间 t 为：

$$t = (\text{计数器满值} - \text{计数初值}) \times \text{机器周期} = 12 \times (2^n - a)/f_{\text{osc}}$$

同理计数器方式下的计数值 N 可表示为：

$$N = \text{计数器满值} - \text{计数初值} = 2^n - a$$

4.2 控制寄存器

如同中断系统需要在特殊寄存器的控制下工作一样，定时计数器的控制也需要特殊寄存器 TMOD 和 TCON。

TMOD 是定时方式控制寄存器，字节地址 89H，其格式如图 4-2 所示。

GATE1	C/T'1	M11	M01	GATE0	C/T'0	M10	M00
7	6	5	4	3	2	1	0

图 4-2　TMOD

TMOD 的低 4 位为 T0 的控制位，高 4 位为 T1 的控制位，两部分完全对齐。下面以 T0 为例介绍。

C/T'：功能选择位。取 0 时为定时方式，取 1 时为计数方式。

GATE：门控位。取 1 时只有 TR = 1 且 INT0' = 1 时，T0 才能启动。当 GATE 取 0 时只要 TR = 1 就能启动 T0。

M1/M0：工作方式定义位，见表 4-1。

表 4-1　工作方式

M1	M0	方式	功能
0	0	0	13 位定时计数器
0	1	1	16 位定时计数器
1	0	2	8 位自动重装定时计数器
1	1	3	3 种定时计数器关系

T0 共有 4 种工作方式，除方式 3 外都有定时或计数两种方式。但 T1 没有工作方式 3。

TCON 为定时计数器控制寄存器（Power Control Register），字节地址为 88H，可位寻址，其格式如图 4-3 所示。

TF1	TR1	TF0	TR0	IE1	IT1	IE0	IT0
8f	8e	8d	8c	8b	8a	89	0x88
7	6	5	4	3	2	1	0

图 4-3　TCON

在图 4-3 中，TR1/TR0 为 T1 和 T0 的启动控制位。在 GATE 的配合下，控制其启动或者停止。系统复位时 TCON 初值为 0。

4.3　工作方式

以下按照难度顺序分别介绍 4 种工作方式：

① 方式 1：由高 8 位 THx 和低 8 位 TLx 组成 1 个 16 位的加 1 计数器，满值为 2^{16}。若计数初值为 a，则定时时间为 $t=12\times(2^{16}-a)/f_{osc}$。当时钟频率为 12MHz 时，定时范围为 $1\sim65536\mu s$。其计数范围为 $1\sim65536$ 次。

② 方式 2：方式 2 采用 8 位寄存器 TLx 作为加 1 计数器，满值为 256。如过程中 TLx 计数溢出，则会自动重新装载初值。方式 2 可以产生非常精确的定时时间，适合作为串口波特率发生器。

③ 方式 0：由高 8 位 THx 和低 5 位 TLx 组成 1 个 13 位的加 1 计数器，满值为 2^{13}。不能自动重装初值。

④ 方式 3：在此方式时，单片机可以组合出 3 种关系：TH0+TF1+TR1 带中断 8 位定时器；TL0+TF0+TR0 带中断 8 位定时计数器；T1 组成的中断定时计数器。

【例程 10】定时器的应用

使用延迟函数进行定时操作是不够精准的，单片机的定时器功能就派上用场了。单片机最小系统的三要素就是电源、晶振、复位电路。单片机的定时功能主要靠晶振发送的基准时钟信号来实现，一般单片机晶振振动的频率是 11059200Hz，即每秒振动 11059200 次。单片机一个时钟周期为 1/11059200s，晶振每隔一个时钟周期加一。单片机的机械周期是单片机完成一个操作所需的最短时间，它的大小为一个时钟周期的 12 倍。单片机的定时器就是每经过一个机械周期加一，此外定时器计数一般最多只能计 16 位，高 8 位和低 8 位加起来 16

位，超过 16 位会溢出，使得定时器溢出标志 TFx 由 0 变为 1。利用单片机定时器的这些特点可以精准控制 LED 灯的闪烁时间。定时器的工作模式有多种，这里使用定时器工作模式 1。

① 教授内容：

主要教授 TMOD 模式寄存器的使用，配置该寄存器模式为模式 1，用定时器 0 使得 LED 灯每隔 0.05s 闪烁一次，在闪烁 3s 之后一直保持点亮。

② 作业需求：

尝试使用定时器中断实现上述 LED 灯的闪烁以及停止的功能，其中要求改变 TMOD 模式寄存器的模式，改用定时器 1 实现上述功能。

③ 电路图：

仿真电路如图例 4-1 所示。该电路图中的 LED 灯由 P00 接口控制，P00 接口为低电平时，LED 灯点亮，P00 接口为高电平时，led 灯熄灭。

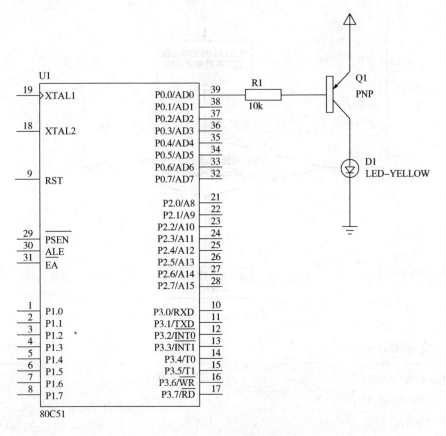

图例 4-1　仿真电路

④ 流程图：

通过以上电路图分析画出流程图如图例 4-2 所示。

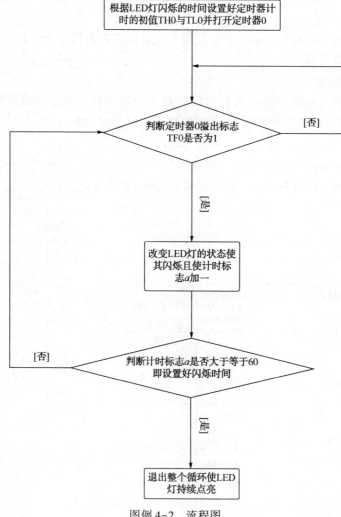

图例 4-2　流程图

⑤ 源程序：

```
#include <reg52. h>
sbit led = P0^0;
void main( ) {
    unsigned char a = 1; // a 为计时数，每隔 0.05s 加一
```

```
TMOD = 0x01; // 设置定时器的模式为模式 1
// 根据闪烁时间为 3s 设置定时器的定时初值
TH0 = 0x4C;
TL0 = 0x00;
TR0 = 1; // 打开定时器 0
while(1){
    if(TF0 = = 1){ // 溢出标志为 1 时计时 0.05s
        TF0 = 0; // 清零溢出标志便于下次计时
        // 重置计时初值
        TH0 = 0x4C;
        TL0 = 0x00;
    led = ~led; // 改变 LED 灯的状态使其闪烁
    a++;
    if(a> = 60){ // 设置闪烁时间为 3s
        led = 0;
        break; // 退出整个 while 循环
    }
    }
}
while(1);
}
```

⑥ 作业提示:

关于单片机定时器初值的设定。易知单片机 16 位定时器经过 2 的 16 次方即 65536 个机械周期溢出,这里设经过 a 个机械周期,单片机计时为 0.05s。一个机械周期为 12/11059200s,即有 $a \times 12/11059200 = 0.05$,所以算得 a 的值为 46080,即经过 46080 个机械周期单片机计时为 0.05s,欲使单片机经过 0.05s 定时器溢出标志 TF0 置 1。则可设置初值 $b = 65536 - 46080 = 19456$,化为二进制为 0x4C00。由此可设置 TH0 = 0x4C,TL0 = 0x00。

定时中断函数 interrupt 后面中断函数编号的数字 x 就是根据中断向量得出的,它的计算方法是"x * 8+3 = 向量地址"。比如定时器 0 中断的地址是"0x000B,可令 x * 8+3 = 0x000B"得出 x 为 1。

【例程11】计数器

使用单片机对外部信号进行计数，或利用单片机对外部设备进行定时控制，如测量电动机转速或控制电炉加热时间等，就需要用到单片机的定时/计数器。MCS-51 系列单片机内部有 T0 和 T1 两个定时器/计数器。其中 T0 可以用编程的方法将它设为计数器。当用作计数器时，它是一个 16 位计数器，它最大计数值是 2^{16} = 65536，T0 端用来输入脉冲信号。当脉冲信号输入时，计数器就会对脉冲计数，当计满 65536 时，计数器将溢出并送给 CPU 一个信号，使 CPU 停止目前正在执行的任务，而去执行规定的其他任务(在单片机的术语中，这种现象叫"中断")。

① 教授内容：定时/计数器(T0 方式 1)产生中断的应用

② 作业需求：本实例使用定时器 T0 的中断来控制 P2.0 引脚 LED 灯的闪烁，要求闪烁周期 100ms，即亮 50ms，灭 50ms。

③ 仿真电路：仿真电路如图例 4-3 所示。

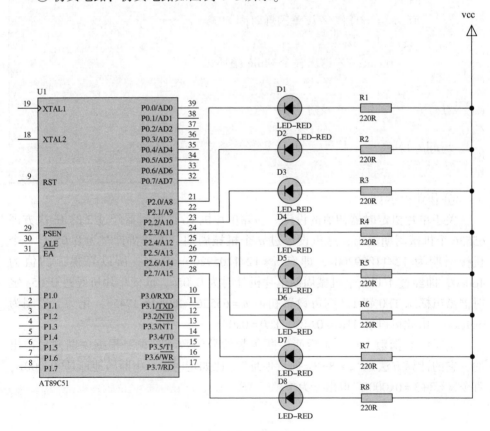

图例 4-3　仿真电路

外设器件由 8 个红色 LED 灯（Proteus 中的名称：LED-RED）和 8 个电阻（RES）组成，分别接入 51 单片机的 P2.0~P2.7 口。

分析这个外设电路我们可以看出，当 P2.0~P2.7 口中有高电位时，则对应的 P2.0~P2.7 口所对应的 LED 灯闪烁，即可达成目标。

④ 流程图：

通过上述外设电路的分析，可以做出流程图如图例 4-4 所示。这个程序是无限循环，等待中断。

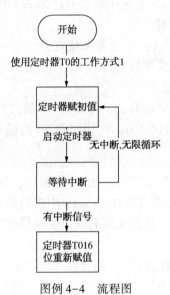

图例 4-4　流程图

⑤ 源程序：

```c
#include<reg51.h> // 包含 51 单片机寄存器定义的头文件
Sbit D1 = P2^0; // 将 D1 位定义为 P2.0 引脚
void main(void){
    EA = 1; // 开总中断
    ET0 = 1; // 定时器 T0 中断允许
    TMOD = 0x01; // 使用定时器 T0 的工作方式 1
    TH0 = (65536-46083)/256; // 定时器 T0 的高 8 位赋初值
    TL0 = (65536-46083)%256; // 定时器 T0 的低 8 位赋初值
    TR0 = 1; // 启动定时器 T0
    A = 0xfe;
    D1 = A;
```

```
    While(1); // 无限循环，等待中断
}
/ ***
* 函数功能：定时器 T0 的中断服务程序
***/
void Time0(void) interrupt 1 using 0 ¦ //"interrupt"声明函数为中断服务函数
    // 其后的"1"为定时器 T0 的中断编号;"0"表示使用第 0 组工作寄存器
    A = <<1; // 数据左移一位
    if (A! = 0xff) A = ¦ 1; // 数据末位置 1
    else A = 0xfe; // 数据置初始值
    D1 = = A; // 实现显示
    TH0 = (65536-46083)/256; // 定时器 T0 的高 8 位重新赋初值
    TL0 = (65536-46083)%256; // 定时器 T0 的低 8 位重新赋初值
}
```

　　将这个文件加入 Keil 的工程中，并进行编译，即可在同一文件夹中生成
main. hex 文件。这个 hex 文件可以在 Proteus 中进行仿真，启动仿真，即可看到
P2.0 引脚 LED 灯开始闪烁。仿真无误后通过烧录器烧写进实体的 51 单片机中。
　　⑥ 提示：
　　将定时器 T0 设置为工作方式 1，而要使 T0 作为中断源，必须开总中断开关
EA 和 T0 的"分支"开关"ET0"，然后还要将 TR0 置位"1"以启动定时器 T0。

扫一扫，获取更多资源

扫描二维码
获取配套资料

第5章 串口通信技术

与并行通信相比，串行通信更适合远距离数据传输，通信线路费用比并行通信的费用低得多。在短距离内，虽然并行接口的数据传输速率比串行接口的传输速率高得多，但由于串行通信的通信时钟频率较并行通信容易提高，且接口简单，抗干扰能力强，因此很多高速外设如 USB 接口的数码相机、移动硬盘等已使用串行通信方式与计算机通信。

5.1 串口概述

串行通信按同步方式可分为异步通信方式和同步通信方式。同步通信是一种连续传输数据的通信方式，一次通信传送多个字符数据，称为一帧信息，数据帧格式如图 5-1 所示。同步通信的数据传输速率较高，通常可达 56000bps 或更高，其缺点是要求发送时钟和接收时钟保持严格同步。在异步通信中，数据通常是以字符或字节为单位组成数据帧进行传送的收、发端各有一套彼此独立、互不同步的通信机构，由于收、发数据的帧格式相同，因此可以相互识别接收到的数据信息。异步通信协议规定每个数据以相同的位串形式传送，包括起始位、数据位、奇偶校验位和停止位，信息帧格式如图 5-2 所示。

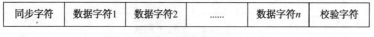

图 5-1 同步通信数据传送格式

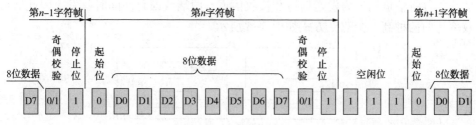

图 5-2 异步通信帧格式

① 起始位：在没有数据传输时，通信线处于逻辑"1"状态。当发送端要发送1个字符数据时，首先发送1个逻辑"0"信号，这个低电平便是帧格式的起始位。其作用是向接收端表示发送端开始发送一帧数据。接收端检测到这个低电平后，就准备接收数据信号。

② 数据位：在起始位之后，发送端发出（或接收端接收）的是数据位。数据的位数没有严格的限制，5~8 位均可，由低位到高位逐位传输。

③ 奇偶校验位：数据位发送完之后，可发送一位用来检验数据在传输过程中是否出错的奇偶校验位。奇偶校验是收发双方预先定好的有限差错检验方式之一，可以不用。

④ 停止位：表示传输一帧信息的结束，逻辑"1"有效。它可占 1 位、1.5 位或 2 位，为发送下一帧信息做好准备。

在串行通信中，按照数据流的方向可分为三种基本传输模式：单工、半双工和全双工。

① 单工模式（Simplex）：单工模式是指任何时刻数据只能按照一个固定的方向传送流动，如图 5-3 所示，即 A 机总是发送数据，B 机总是接收数据。

图 5-3　单工模式

② 半双工模式（Half duplex）：半双工模式是指通信双方均具有发送器和接收器，双方既可发送数据也可接收数据，但接收和发送不能同时进行。半双工方式如图 5-4 所示。

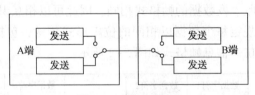

图 5-4　半双工制式

③ 全双工模式（Full duplex）：全双工模式是指通信双方均没有发送器和接收器，并且将信道划分为发送信道和接收信道，两端数据允许同时收发，因此通信效率比前两种高。全双工方式如图 5-5 所示。

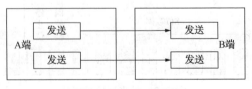

图 5-5　全双工制式

5.2 控制寄存器

51 单片机用于串口通信的特殊功能寄存器有 SCON 和 PCON。

SCON 是串口控制寄存器（Serial Control Register），字节地址为 98H，可位寻址。其格式如图 5-5 所示。

SM0	SM1	SM2	REN	TB8	RB8	TI	RI
9f	9e	9d	9c	9b	9a	99	0x98
7	6	5	4	3	2	1	0

图 5-5　SCON

在图 5-5 中，RI 和 TI 为串口中断请求标志。SM0/SM1 为串口工作方式定义位，通过不同的取值，有 4 种不同的工作方式，如图 5-6。

SM0	SM1	方式	功能
0	0	0	8 位同步移位寄存器方式
0	1	1	10 位数据异步通信方式
1	0	2	11 位数据异步通信方式
1	1	3	11 位数据异步通信方式

图 5-6　串口工作方式

RB8/TB8：接收数据和发送数据的第 9 位。在工作方式 2 和 3 时，存放待发送数据帧和已接收数据帧的第 9 位内容，主要用于多机通信或奇偶校验。

SM2：多机通信控制位。

REN：运行接受控制位。用于允许或禁止串口接收数据。

PCON 为电源控制寄存器（Power Control Register），字节地址为 87H，不可位寻址，其格式如图 5-7 所示。

SMOD	–	–	–	GF1	GF0	PD	TDL
8e	8d	8c	8b	8a	89	88	0x87
7	6	5	4	3	2	1	0

图 5-7　PCON

在表 5-3 中，SMOD 为波特率选择位，用于决定串口时钟波特率是否加倍。51 单片机以定时器 T1 为波特率发生器，其溢出脉冲经过分频单元后送达收发控制器。T1 溢出脉冲可以有两种分频路径，分别为 16 分频或 32 分频，SMOD 就是决定分频路径的开关。分频后通信时钟频率为 $2^{SMOD}/32t$，其中 t 为 T1 的定时时间，有 $t=12\times(2^{n}-a)/f_{osc}$。这说明晶振频率 f_{osc} 确定后，波特率大小取决于 T1 的工作方式 n 和计数器初值 a，也取决于波特率选择位 SMOD。

【例程 12】IIC 总线通信

IIC 总线(Inter IC Bus)是 PHILIPS 公司开发的一种新型双向二线制同步串行总线，具有接口线少、控制简单、通信速率较高等优点。IIC 总线只需要数据线 SDA 和时钟线 SCL 构成通信线路，可以完成发送数据和接收数据两个任务。带有 IIC 总线接口的从器件(如存储器、A/D 转换器、日历/时钟、显示器等)可与具有 IIC 总线接口的单片机连接。IIC 总线上各从器件的数据线均接到 SDA 上，时钟线均接到 SCL 上，连接于总线上的从器件通过软件寻址的方式进行通信。

图例 5-1 是 IIC 总线系统的硬件结构图，其中 SDA 是数据线，SCL 是时钟线。当 IIC 总线处于空闲状态时，SDA 和 SCL 两条线均保持为高电平。由于各器件的输出端为漏极开路，因此 SDA 和 SCL 须通过上拉电阻接电源正极。若连接到总线上的任一从器件输出低电平，都将使总线上的信号变低，即各器件的 SDA 和 SCL 均是"线与"的关系。

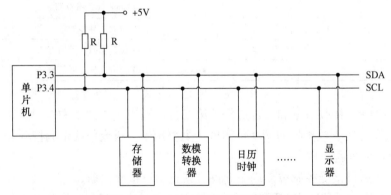

图例 5-1　IIC 串行总线系统的基本结构

IIC 总线上的通信信号既包括数据信号，也包括地址信号。IC 总线进行一次数据传送的通信时序图如图例 5-2 所示。

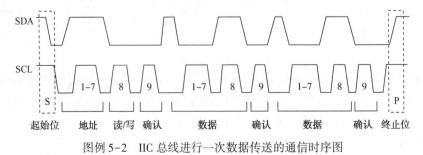

图例 5-2　IIC 总线进行一次数据传送的通信时序图

进行一次数据传输时，首先由单片机发送启始信号。IIC 总线规定，在 SCL 保持为高电平期间，SDA 出现下降沿则是发出启始信号。此时，连接于总线上的从器件可以检测到该信号。

发送启始信号源程序：

```
void start( ) {
    SDA = 1; // 将 SDA、SCL 置为高电平
    SCL = 1;
    delay( ); // 延时
    SDA = 0; // SCL 保持为低电平时，SDA 出现下降沿
    delay( );
    SCL = 0; // SCL 变为低电平，准备发送或接收数据
    delay( );
}
```

单片机发出启始信号后，再发出地址信号。从器件地址信号由一个字节(8 位)构成，高 7 位是地址位，包括固定位和可编程位。可编程位数决定了总线可接入同类从器件的数量，如高 7 位中有 3 位为可编程位，则可以有 8 个该类从器件接入。地址信号的第 8 位是数据传送的方向位(R/W̄)，"0"表示单片机发送数据，"1"表示单片机接收数据。

单片机发送地址信号后，总线上的每个从器件都将高 7 位的地址码与自己的地址进行比较，若相同，则根据方向位将自己确定为该次数据通信的发送器或接收器。主机发出地址信号并得到从器件应答后，便进行数据传输，数据传输的位数为 1 字节，且每次传输都在得到应答信号后再进行下一字节数据的传送，以确定数据接收器是否收到。并且规定，在 SCL 为高电平期间，数据接收器将 SDA 拉为低电平时，表示数据传送正确，产生应答。当主机为接收器时，主机对最后 1 字节的传送不做出应答，表示数据传送结束。

发送应答信号或非应答信号源程序如下：

```
void ack(void) { // 产生应答信号
    SDA = 0; // 将 SDA 置为低电平，发送应答信号
    SCL = 1; // SCL 由低变高，产生一个时钟
    delay( ); // 延时
    SCL = 0; // SCL 变为低电平，以便继续接收
    SDA = 1;
}
```

```
void nack( void) { // 产生非应答信号
    SDA = 1; // 将 SDA 置为高电平, 发送非应答信号
    SCL = 1; // SCL 由低变高, 产生一个时钟
    delay( ); // 延时
    SCL = 0; // SCL 变为低电平
    SDA = 0;
}
```

发送停止信号源程序如下:

```
void stop( ) {
    SDA = 0; // 将 SDA 置为低电平, SCL 置为高电平
    SCL = 1;
    delay( ); // 延时
    SDA = 1; // SCL 保持为高电平时, SDA 出现上升沿
    delay( );
}
```

向 IIC 总线发送 1 字节数据源程序如下:

```
void SendData (unsigned char y) { // 向 IIC 总线发送数据
    unsigned char i, temp;
    temp = y;;
    for(i = 0; i < 8; i++) { // 1 字节为 8 位, 需循环 8 次
        if(temp&0x80)SDA = 1; // 将 SDA 置为高电平
        else SDA = 0;
        delay( );
        SCL = 1; // 置 SCL 为高电平, 从器件开始接收数据
        delay( );
        SCL = 0; // 置 SCL 为低电平, 准备发送下一位数据
        temp = temp<< = 1; // 将 temp 中的各数据左移一位, 准备发送
    }
}
```

向 IIC 总线接收 1 字节数据源程序如下:

```
unsigned char RcvData(unsigned char y) { // 读取数据
    unsigned char i, temp;
    for(i = 0; i < 8; i++) { // 1字节为8位, 需循环8次
        SDA = 1; // SDA 置为高电平, 进入接收数据状态
        SCL = 1; // SCL 置为高电平, 产生一个时钟
        delay();
        temp = temp<< = 1; // 将 temp 中的各数据左移一位
        if(SDA = 1)temp = temp | 0x01
        else temp = temp&0xfe;
        SCL = 0; // SCL 置为低电平
    }
    y = temp; // 将读取的数据值赋给 y
}
```

【例程 13】外部储存器

① 教授内容:

对按键动作次数进行统计, 并将按键次数通过数码管显示, 显示范围为 0 ~ 99, 超过计量界限后循环显示。要求: 具有掉电保护功能, 每次开机时显示上次统计数值。

② 作业需求:

结合例程 12 所讲内容, 储存黄灯闪烁时记录的按键次数数值, 下次上电时仍相同。

③ AT24C02 芯片介绍与用法:

IIC 总线接口的 EEPROM 器件是以 24C 开头来命名的, 24Cxx 系列的 EEPROM 芯片有多种型号, 其中 8 种典型的型号有 24C02/ 24C04/ 24C08/ 24C16/ 24C32/ 24C64/ 24C128/ 24C256, 对应的容量分别为 2KB、4KB、8KB、16KB、32KB、64KB、128KB、256KB。串行 EEPROM 具有两种写入方式, 字节写入方式和页写入方式。以 AT24C02 为例, 工作电压范围为 2.7 ~ 5.5V, 时钟可以达到 400kHz。AT24C02 芯片常用的封装方式有贴片式和直插式两种, 其引脚配置和功能均相同, AT24C02 引脚图如图例 5-3 所示。

引脚 A0、A1、A2: 器件地址输入端, 用于定义芯片的器件地址, 如当在总线上有多个器件时,

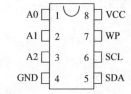

图例 5-3 AT24C02 引脚图

设置 A0～A2 引脚可以来确定器件的地址。

VCC：电源+5V。

GND：地线。

WP：写保护端，当引脚接入高电平时，芯片内的数据处于禁止写入状态(写保护)。当引脚接到地线时，芯片处于正常的读/写状态。

SCL：串行时钟输入端，由单片机 I/O 口提供。

SDA：串行数据 I/O 口，用于在芯片输入和输出串行数据和地址等，使用时需加一个上拉电阻。

④ 仿真电路：

按键次数统计电路图如图例 5-4 所示。

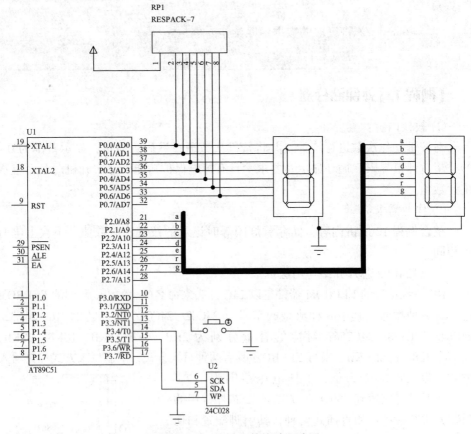

图例 5-4　按键次数统计电路图

要求统计按键次数并每次开机时在数码管显示上次统计数值，即要实现掉电保护功能。ATMEL 公司生产的 AT24C 系列芯片具有 IIC 总线接口，可解决掉电数据保存问题。在此，我们使用的芯片型号是 AT24C02B，该芯片的串行时钟输入端 SCK 和串行数据输入端 SDA 分别与单片机的 P3.4、P3.5 口相接。独立按键与单片机的 P3.2 口相连，当按键压下时，I/O 口被置为低电平，CPU 通过读取端口电平可知按键是否压下。LED 数码管具有显示亮度高、响应速度快等优点，该电路图中采用两只共阴极 7 段数码管，分别用来显示按键次数两位数值的十位与个位。数码管的显示字模与显示数值之间没有特定规律，可把字模按照大小顺序依次存入一个数组中。例如，本次我们需要用到数值 0~9，其共阴字模数组为 char code table[] = {0x3f, 0x06, 0x5b, 0x4f, 0x66, 0x6d, 0x7d, 0x07, 0x7f, 0x6f}。使用时，可按其顺序提取相应的字模，并送到 I/O 口输出显示。其中，需要注意的是，P0 口在作为 I/O 口工作时，其内部结构为漏极开路状态，需要接上拉电阻。

⑤ 流程图：

程序流程图如图例 5-5 所示。

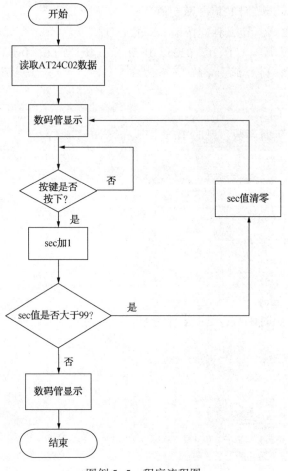

图例 5-5　程序流程图

⑥ 源程序：

```
//此文件中定义了单片机的一些特殊功能寄存器
#include <reg51.h>
//对数据类型进行声明定义
typedef unsigned int u16;
typedef unsigned char u8;
//定义芯片的读地址和写地址
#define OP_ READ 0xa1 // 器件地址以及读取操作，0xa1 即为 1010 0001B
#define OP_ WRITE 0xa0 // 器件地址以及写入操作，0xa0 即为 1010 0000B
//芯片串行时钟输入端和数据输入端的 I/O 口定义
sbit SCK = P3^4;
sbit SDA = P3^5;
u8 sec = 0; // 定义计数值并赋初值
sbit key = P3^2; // 定义独立按键 key 的 I/O 口
u8 code table [ ] = {0x3f, 0x06, 0x5b, 0x4f, 0x66, 0x6d, 0x7d, 0x07,
0x7f, 0x6f}; // LED 显示字模
/***
 * 函 数 名: delay
 * 函数功能: 延时函数，延时 1ms
 ***/
void delay1ms( ) {
    u8 i, j;
    for(i = 0; i<10; i++)
    for(j = 0; j<33; j++);
}

/***
 * 函 数 名: delay
 * 函数功能: 延时函数，延时若干毫秒。n 为变量，可选择赋值
 ***/
void delaynms( u8 n) {
    u8 i;
    for(i = 0; i<n; i++)
    delay1ms( );
}
```

```
void start() { // 启始信号
    SDA = 1;
    SCK = 1;
    delaynms(4);
    SDA = 0;
    delaynms(4);
    SCK = 0;
    delaynms(4);
}
void stop() { // 停止信号
    SDA = 0;
    delaynms(4);
    SCK = 1;
    delaynms(4);
    SDA = 1;
    delaynms(4);
}
bit Ask() { // 应答信号
    bit ack_ bit;
    SDA = 1;
    delaynms(4);
    SCK = 1;
    delaynms(4);
    ack_ bit = SDA;
    SCK = 0;
    return ack_ bit;
}
u8 ReadData() { // 从 AT24C02 芯片中读取数据
    u8 i;
    u8 x;
    for(i = 0; i < 8; i++) {
        SCK = 1;
        x<< = 1; // 将 x 中的各数据位左移一位
```

```
        x | = (u8)SDA; // 将 SDA 上的数据通过按位"或"运算存入 x 中
        SCK = 0;
    }
    return(x); // 将读取的数据返回
}
void WriteCurrent(u8 y){ // 向 AT24C02 芯片中写入数据
    u8 i;
    for(i = 0; i < 8; i++){
        SDA = (bit)(y&0x80); //通过按位"与"运算将最高位数据送到 SDA
        delaynms(4);
        SCK = 1;
        delaynms(4);
        SCK = 0;
        y<< = 1; // 将 y 中的各数据位左移一位
    }
}
u8 writeset(u8 add, u16 dat){ // 在指定地址处写入数据
    start();
    WriteCurrent(OP_ WRITE); // 选择要操作的芯片地址，并告知要对其写
入数据
    Ask();
    WriteCurrent(add); // 写入指定地址
    Ask();
    WriteCurrent(dat); // 向上面指定地址写入数据
    Ask();
    stop();
    delaynms(4); // 延时 4ms
    return dat;
}
u8 ReadCurrent(){ // 从 AT24C02 芯片指定地址中读取数据 x
    u8 x;
    start();
    WriteCurrent(OP_ READ); // 选择要操作的芯片地址，并告知要对其读
取数据
```

```
    Ask();
    x = ReadData(); // 将读取的数据存入 x
    stop();
    return x; // 返回读取数据
}
u8 ReadSet(u8 set_ addr){ // 在指定地址读取数据·
    start();
    WriteCurrent(OP_ WRITE); // 选择要操作的芯片地址，并告知要对其写
入数据
    Ask();
    WriteCurrent(set_ addr); // 写入指定地址
    Ask();
    return(ReadCurrent()); // 从芯片指定地址读取数据并返回
}
void main(void){
    sec = ReadSet(2); // 从 AT24C02 芯片的第二个地址读取数据，并赋值
给计数值 sec
    P0 = table[sec/10]; // 将读出数据的十位送 P0 口显示
    P2 = table[sec%10]; // 将读出数据的个位送 P2 口显示
    while(1){
        if (key = = 0){ // 软件消抖，检测按键是否按下
            delaynms(10);
            if(key = = 0){ // 若按键按下
                sec++; // 计数值加一
                writeset(2, sec); // 将计数值 sec 写入芯片的第二个位置
                if(sec = = 100) // 判断循环是否超限
                sec = 0; // 计数值清零
                P0 = table[sec/10]; // 将计数值 sec 的十位送 P0 口显示
                P2 = table[sec%10]; // 将计数值 sec 的个位送 P2 口显示
                while(key = = 0); // 等待按键松开，防止连续计数
            }
        }
    }
}
```

编程原理：

计数统计原理。循环读取 P3.2 口电平。若被置为低电平，计数值 sec 加一；若判断计满 99，则 sec 清零。为了避免按键抖动导致计数误差，采用软件消抖措施。同时，为了防止按键在压下期间连续计数，每次计数后均需查询 P3.2 口电平，直到 P3.2 口被置为高电平后才结束此次计数。

LED 字模显示原理。需要把统计到的按键次数显示在两只数码管上，可将计数值 sec 使用取模运算（sec%10）得到个位值，整除 10 运算（sec/10）得到十位值，提取字模后分别送至 P2 口和 P0 口输出显示。

掉电保护原理。计数值 sec 存放在 AT24C02 芯片的第二个位置内，系统每次开机上电后，从芯片存储器读取数据赋值给 sec。之后，每当按键值更新就立马将存储器中的按键次数统计值刷新。

⑦ 作业提示：

作业中要求储存黄灯闪烁时记录的按键压下的次数，下次上电时仍相同。首先，需要在程序中加入一个循环函数判断黄灯状态。根据前面教授内容并思考完成，当黄灯闪烁时，将统计到的按键次数存入 AT24C02B 中，并在下次上电时显示在数码管上。

扫一扫，获取更多资源

扫描二维码
获取配套资料

第6章　接口技术与外设

　　单片机在一块芯片上集成了计算机的基本功能部件，因而80C51单片机就是一个最小微机系统。在较简单的应用场合下，可直接采用单片机的最小系统。但在很多情况下，单片机内部RAM、ROM、I/O端口功能有限，不够使用，这就需要扩展。

　　此外，单片机用于测控目的时，需要把模拟信号转换为数字信号，把数字信号转换为模拟信号，以及把弱电的开关信号转换为对强电负载的控制，这就需要了解接口技术。

　　上述问题中，涉及的总线、I/O扩展、A/D转换、D/A转换、隔离与驱动等内容都是计算机接口技术的基础，掌握这些知识对进一步提高单片机技术的应用能力是不可缺少的。

6.1　三总线结构

　　计算机系统是由众多功能部件组成的，每个功能部件分别完成系统整体功能中的一部分，所以各功能部件与CPU之间就存在相互连接并实现信息流通的问题。如果所需连接线的数量非常多，将造成计算机组成结构的复杂化。为了减少连接线，简化组成结构，把具有共性的连线归并成一组公共连线，就形成了总线。例如，专门用于传输数据的公用连线称为数据总线(Data Bus，DB)，专门用于传输地址的公用连线称为地址总线(Address Bus，AB)，专门用于实施控制的公用连线称为控制总线(Control Bus，CB)。它们统称为"三总线"。

　　51单片机属于总线型结构，片内各功能部件都是按总线关系设计并集成为整体的。51单片机与外部设备的连接既可采用I/O口方式(即非总线方式，如以前各章中采用的单片机外接指示灯、按钮、数码管等应用系统)，也可采用总线方式。一般微机的CPU外部都有单独的三总线引脚，而51单片机由于受引脚数量的限制，数据总线与地址总线采用复用P0口方案。为了将它们分开，需要在单片机外部增加接口芯片才能构成与一般CPU类似的片外三总线。8位数据总线由P0口组成，16位地址总线由P0和P2口组成，控制总线则由P3口及相关引脚组成。采用片外三总线连接外设可以充分发挥 51 单片机的总线结构特点，简化编程，节省 I/O 口线，便于外设扩展。

P0 口既作为数据总线，又作为低 8 位地址总线使用，若不做处理两者会发生冲突。为此采用地址锁存器接口芯片，分时公用 P0 口，将地址信息与数据信息隔离开。

地址锁存的接口芯片为 74HC373。与 74HC373 具有相同功能的芯片有多种商业型号，如 74LS373、54LS373 等，故一般统称为 74373。

74373 由 8 个负边沿触发的 D 触发器和 8 个负逻辑控制的三态门所组成。其中，OE 端为三态门的控制端。当 OE 为低电平时三态门导通，D 触发器的 Q 端与片外输出端(1Q~8Q)取反后接通。当 OE 为高电平时三态门为高阻状态，Q 端与片外输出端(1Q~8Q)断开。因此，如果无须输出控制则可将 OE 端接地。LE 端为 D 触发器的时钟输入端。当 LE 为高电平时，D 端与 Q 端接通 LE 由高电平向低电平负跳变时，Q 端锁存 D 端数据。LE 为低电平时，Q 端则与 D 端隔离。可见，如果在 LE 端接入一个正脉冲信号，便可实现 D 触发器的"接通—锁存—隔离"功能。

如此便能初步理解 74373 接线原理：D0~D7 端接 P0 口，是要从单片机中分时地输出地址信息和输入输出数据信息；OE 端接地是为了满足无缓冲直通输出要求；LE 端接单片机的 ALE 引脚是要利用其提供的触发信号。

6.2 A/D 转换

数据采集分为数字量采集和模拟量采集。其中，数字量采集只需采集二进制的数字信号即可；而模拟量采集则需要首先将待采集的模拟信号转换成数字信号，然后再进行采集以及后续分析处理。在模拟量采集的过程中，A/D 转换是一个重要的环节。一个完整的模拟量采集系统应该包括：信号调理电路、采样/保持放大器、模拟/数字(A/D)转换器、通道控制电路和采集电路等。

A/D 转换器或 ADC，是任何模拟信号实现数字化处理的第一步，也是最重要的一步，因此 A/D 转换器是数字化硬件电路中最关键的一个集成模块。

A/D 转换一般分为 4 个步骤，分别是采样、保持、量化和编码，如图 6-1 所示。下面分别进行介绍。

采样：为了把模拟信号转换成对应的数字信号，必须首先将模拟量每隔一定时间抽取一次样值，使时间上连续变化的模拟量变为一个时间离散、数值连续的离散信号，这个过程称为采样。

　　为了保证采样后的信号能恢复原来的模拟信号，要求采样的频率 f_s 与被采样的模拟信号的最高频率 f_{max} 应满足以下关系：

$$f_s \geq 2f_{max}$$

　　保持：让采样得到的离散信号保持一段时间。当对采样得到的离散信号进行 A/D 转换时，需要一定的转换时间，在这个转换期间离散信号需要保持基本不变，才能保证转换精度。图 6-2 所示为采样/保持电路，它能对模拟信号进行采样并对采样得到的离散信号进行保持，它由模拟开关、存储元件和缓冲放大器组成。

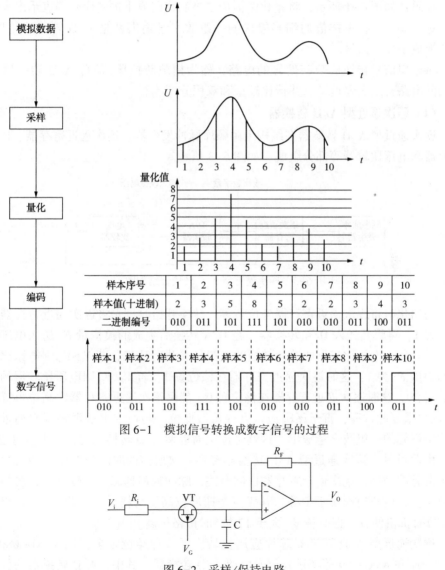

图 6-1　模拟信号转换成数字信号的过程

图 6-2　采样/保持电路

在采样时刻，加到模拟开关 V_G 上的数字信号为低电平，此时模拟开关被接通，存储元件（电容器 C）两端的电压 V_C 随被采样信号 V_i 变化。当采样间隔终止时，V_G 变为高电平，模拟开关断开，V_C 则保持住断开瞬间的值不变，采样得到的值经缓冲放大器放大。

量化：对从采样保持电路中得到的离散信号进行连续取值，用一组规定的电平把离散信号的瞬时值用最接近的电平值来表示，这个过程称为量化，如图 6-3 所示。其中，量化级数越多，量化误差就越小，质量就越好。

编码：如图 6-1 所示，将量化幅值用二进制代码或十进制代码等表示出来的过程称为编码。各采样值的编码组成的一组数字量输出就是 A/D 转换的结果，即转换成了数字信号。

将模拟信号转换成数字信号的电路，称为模数转换器（简称 A/D 转换器）。常用的电路有逐次逼近型、并行比较型和双积分型等。

（1）逐次逼近型 A/D 转换器

逐次逼近型 A/D 转换器在结构上由顺序脉冲发生器、逐次逼近寄存器、D/A 转换器和电压比较器等部分组成，如图 6-3 所示。

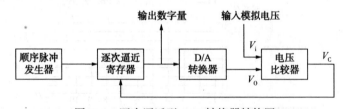

图 6-3　逐次逼近型 A/D 转换器结构图

初始化时将逐次逼近寄存器各位清零。转换开始时，先将逐次逼近寄存器最高位置 1，再将其送入 D/A 转换器。经 D/A 转换后生成的模拟量 F_o 送入电压比较器，与送入电压比较器的等待转换的模拟量 K 进行比较，若 $V_i > V_{of}$ 则电压比较器的输出 F_c 为 1，这时逐次逼近寄存器在该位置 1；若 $V_i < V_{of}$ 则电压比较器的输出 F_o 为 0，这时逐次逼近寄存器在该位置 0。然后逐次逼近寄存器次高位再置为 1，依次重复此过程，直至逐次逼近寄存器最低位。转换结束后再将逐次逼近寄存器中得到的一组数字量输出。这就是逐次逼近型 A/D 转换器的整个工作过程。

由此可见，逐次逼近型 A/D 转换器转换一次所需的时间与顺序脉冲发生器输出的脉冲频率、逐次逼近寄存器位数有关，脉冲频率越高，位数越少，转换速度越快。其电路规模属于中等，其优点是速度较高、功耗低，在低分辨率（小于 12 位）时价格便宜，但高精度（大于 12 位）时价格很高。

逐次逼近型 A/D 转换器芯片应用比较广泛，种类也很多，例如 ADC0801、ADC0804 和 ADC0809 等都是 8 位通用型 A/D 转换器。其中，A/D 转换器的位数越多，转换误差越小。

（2）并行比较型 A/D 转换器

并行比较型 A/D 转换器由电阻分压器、电压比较器、寄存器及代码转换器（编码器）组成，如图 6-4 所示。

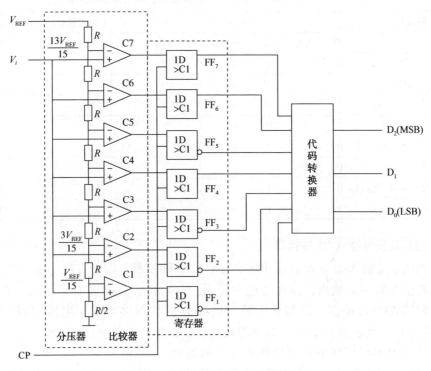

图 6-4　并行比较型 A/D 转换器

图中的 8 个电阻将参考电压 V_{REF} 分成 8 个等级，其中 7 个等级的电压分别作为 7 个比较器的参考电压，其数值分别为 $V_{REF}/15$、$3V_{REF}/15$……$13V_{REF}/15$。输入电压 V_i 的大小决定各比较器的输出状态。如当 $0 \leqslant V_i < V_{REF}/15$ 时，比较器 $C_1 \sim C_7$ 的输出状态都为 0；当 $V_{REF}/15 \leqslant V_i < 3V_{REF}/15$ 时，比较器 $C_1 = 1$，其余各比较器的状态均为 0。根据各比较器的参考电压值，可以确定输入模拟电压值与各比较器输出状态的关系。比较器的输出状态由 D 触发寄存器存储，经代码转换器编码，转换成数字量输出。代码编码器优先级别最高的是 I_7，最低的是 I_1。设 V_i 变化范围是 $0 \sim V_{REF}$，输出 3 位数字量为 $D_2D_1D_0$，3 位并行比较型 A/D 转换器的输入、输出关系见表 6-1。

这种转换电路的优点是并行转换、速度较快，A/D 转换器带有寄存器，不用附加取样保持电路（因为比较器和寄存器也兼有取样保持功能）。这种 A/D 转换器的缺点是所需的比较器和触发器的数量较多, 若输出 n 位二进制代码, 则需要 $2^n - 1$ 个电压比较器和触发器。随着位数增多, 电路变复杂, 制成分辨率较高的集成并行 A/D 转换器是比较困难的。

表 6-1　3 位并行比较器 A/D 转换器输入、输出关系对照表

输入电压	寄存器状态							代码转换输出(数字量输出)		
V_i	Q7	Q6	Q5	Q4	Q3	Q2	Q1	D_2	D_1	D_0
$(0 \sim 1/15) V_{REF}$	0	0	0	0	0	0	0	0	0	0
$(1/15 \sim 3/15) V_{REF}$	0	0	0	0	0	0	1	0	0	1
$(3/15 \sim 5/15) V_{REF}$	0	0	0	0	0	1	1	0	1	0
$(5/15 \sim 7/15) V_{REF}$	0	0	0	0	1	1	1	0	1	1
$(7/15 \sim 9/15) V_{REF}$	0	0	0	1	1	1	1	1	0	0
$(9/15 \sim 11/15) V_{REF}$	0	0	1	1	1	1	1	1	0	1
$(11/15 \sim 13/15) V_{REF}$	0	1	1	1	1	1	1	1	1	0
$(13/15 \sim 1) V_{REF}$	1	1	1	1	1	1	1	1	1	1

(3) 双积分型 A/D 转换器

逐次逼近型 A/D 转换器和并行比较型 A/D 转换器, 均是直接将输入的模拟电压转换为数字量输出, 没有经过中间量, 它们属于直接 A/D 转换器。此外, 还有间接 A/D 转换器。目前使用的间接 A/D 转换器多半属于电压–时间变换型(简称 V–T 变换型)和电压–频率变换型(简称 V–F 变换型)两大类。其中, 双积分型 A/D 转换器属于 V–F 变换型 A/D 转换器。

双积分型 A/D 电路的主要部件包括: 积分器、比较器、计数器、控制逻辑和标准电压源, 其工作原理如图 6-5 所示, 其工作过程分为采样和测量两个阶段。

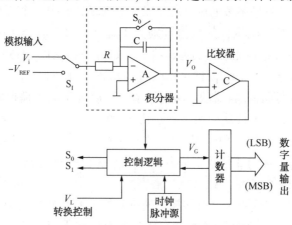

图 6-5　双积分型 A/D 转换器原理框图

采样阶段。转换前，"控制逻辑"输出 $S_0=1$，使积分电容 C 完全放电；当转换开始后，S_0 断开，允许积分电容 C 充电。"控制逻辑"使 $S_1=1$，模拟输入 R 对电容 C 充电，使积分器对 h 进行积分。与此同时，计数器开始计数，经过一段预先设定的时间 r_i 后，计数器计满后，计数器置零并发出一个溢出脉冲，使控制电路发出控制信号，将开关 Sj 接向与被测电压极性相反的基准电压（$-V_{REF}$），采样阶段至此结束。此时，积分器输出电压 V_0 取决于被测电压 V_i 的平均值。

测量阶段。当开关 S_1 接向基准电压后，积分器开始反方向积分，其输出电压从原来的 F_0 值开始下降。与此同时，计数器从零开始计数。当积分器输出电压下降至零时，比较器输出低电平，转换结束，计数停止。此时，计数器的计数值即为 A/D 转换的结果。

双积分 A/D 转换器的优点是数字量输出与积分时间常数无关，对积分元件要求不高；缺点是转换速度低，只适用于直流电压或缓慢变化的模拟电压。

A/D 转换器的主要技术指标如下所示。

分辨率是指使输出数字量变化一个最小量时模拟信号的变化量，常用二进制的位数表示。例如 8 位 ADC 的分辨率就是 8 位，或者说分辨率为满刻度的 1/28，一个 5V 满刻度的 8 位 ADC 能分辨的输入电压变化的最小值是 $5V_1/28 = 19.53\text{mV}$。

量化误差是 ADC 的有限位数对模拟量进行量化而引起的误差。实际上，要准确表示模拟量，ADC 的位数需很大甚至无穷大。一个分辨率有限的 ADC 的阶梯状转换特性曲线与具有无限分辨率的 ADC 转换特性曲线（直线）之间的最大偏差即是量化误差。通常是 1 个或半个最小数字量的模拟变化量，表示为 1LSB、1/2LSBO，如图 6-6 所示。

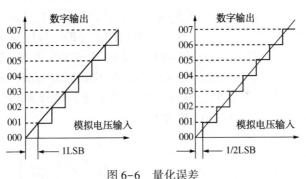

图 6-6　量化误差

偏移误差是指输入信号为零时，输出信号不为零的值，有时又称为零值误差。假定 ADC 没有非线性误差，则其转换特性曲线各阶梯中点的连线必定是直线，这条直线与横轴相交点所对应的输入电压值就是偏移误差。

满刻度误差又称为增益误差，是指满刻度输出数码所对应的实际输入电压与理想输入电压之差。

线性度有时又称为非线性度，它是指转换器实际的转换特性与理想直线的最大偏差。常以相对于满量程的百分数表示，如±1%是指实际输出值与理论值之差在满刻度的±1%以内。

绝对精度是指在一个转换器中，任何数据所对应的实际模拟量输入与理论模拟输入之差的最大值。对于 ADC 而言，可以在每一个阶梯的水平中点进行测量，它包括了所有的误差。

转换速率是指能够重复进行数据转换的速度，即每秒转换的次数。而完成一次 A/D 转换所需的时间(包括稳定时间)，则是转换速率的倒数。积分型 A/D 的转换时间是毫秒级，属于低速 A/D。逐次比较型 A/D 是微秒级，属中速 A/D，全并行/串并行型 A/D 可达到纳秒级。采样时间则是另外一个概念，是指两次转换的间隔。为了保证转换的正确完成，采样速率必须小于或等于转换速率。因此习惯上转换速率在数值上等同于采样速率也是可以接受的。

6.3　D/A 转换

本节介绍数模转换，数模转换是指把数字信号转换成模拟信号。为什么要进行数模转换呢？单片机是数字处理芯片，它处理的所有信息都是 0 和 1，处理的结果也是 0 和 1(如在开发板上高电平为 5V，低电平为 0V)，如图 6-7 所示。

在真实世界中，如广播的声音信号或图像信号等都是连续变化的模拟信号。假设要让开发板上的发光二极管由暗变亮，那么流过发光二极管的电流大小应该是随着时间连续变化的，如图 6-8 所示，这就是一个模拟信号。

数字信号中的 0 和 1 是无法直接表示出模拟信号的，如图 6-7 所示，它要么是 0V，要么是 5V。而模拟信号中 0~5V 都是可以连续变化的，如图 6-8 所示，刚开始是 0V，到 2.5V，再到 5V。在单片机系统中，假如要用到 2.5V 怎么办呢？由于单片机不能直接输出 2.5V，这个时候可以通过数模转换产生，让单片机来控制数模转换芯片，就可以得到想要的模拟量。

图 6-7　数字信号　　　　　　　图 6-8　模拟信号

6.3.1 概念与简介

D/A 转换器的基本功能是将数字量转换为与其大小成正比的模拟量。为完成这种转换功能，D/A 转换器要有如下几个组成部分：基准电压（电流）、模拟二进制数的位切换开关、产生二进制权电流（电压）的精密电阻网络和提供电流（电压）相加输出的运算放大器。这些部分目前基本都已集成于一块芯片上。为了便于接口，有些 D/A 芯片内还含有锁存器。D/A 转换器的组成原理有多种，采用最多的是 R-$2R$ 梯形网络 D/A 转换器，如图 6-9 所示为 4 位权电阻 D/A 转换器的原理图。基准电压为 E，$S_1 \sim S_4$ 为晶体管位切换开关，它受二进制各位状态的控制。当相应的二进制位为"0"时，开关接地；为"1"时，开关接基准电压。2^0R，2^1R，2^2R，2^3R 为二进制权电阻网络，它们的电阻值与相应的二进制数每位的权相对应，权越大，电阻越小，以保证一定权的数字信号产生相应的模拟电流。运算放大器的虚地按二进制数权的大小和各位开关的状态对电流求和，然后转换成相应的输出电压 U。

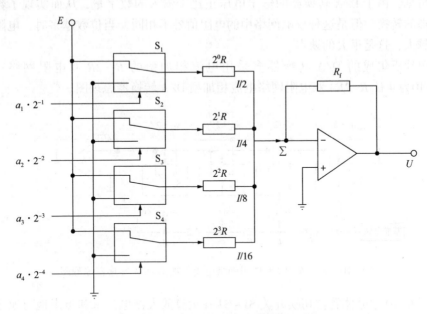

图 6-9 4 位权电阻 D/A 转换器的原理图

设输入数字量为 D，采用定点二进制小数编码时，D 可以表示为：

$$D = a_1 2^{-1} + a_2 2^{-2} + \cdots\cdots + a_n 2^{-n} = \sum_{i=1}^{n} a_i 2^{-i}$$

式中，a_i可以是0或1，根据D的数值而定；n为正整数。当C为"1"时，开关接标准电源E，相应支路产生的电流$I_i = \dfrac{E}{R} = 2^{-i}I$，当$a_i$为"0"时，开关接地，相应支路中没有电流。

$$I_i = I \times a_i \times 2^{-i}$$

$$I = 2 \times \frac{E}{R}$$

运算放大器输出的模拟电压为：

$$u = -\sum_{i=1}^{n} I_i \times R_f = -I \times R_f \times (a_1 \times 2^{-1} + a_2 \times 2^{-2} + \cdots + a_n \times 2^{-n})$$

$$= -2E \times \frac{R_f}{R}(a_1 \times 2^{-1} + a_2 \times 2^{-2} + \cdots + a_n \times 2^{-n})$$

可见，由于D/A转换器的输出电压正比于输入的数字量，从而实现了数字到模拟的转换，但是这种权电网络中的电阻值各不相同，当位数越多时，电阻差异就越大，这是很大的缺点。

单片机集成的D/A转换器多采用电流相加型的$R\text{-}2R$双电阻网络。下图6-10为4位$R\text{-}2R4$双电阻网络电流相加型D/A转换器原理图。

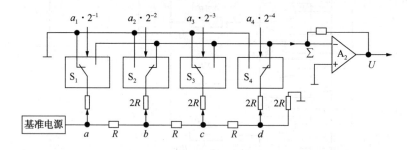

图6-10　4位$R\text{-}2R$双电阻网络电流相加型D/A转换器原理图

图6-10中晶体管位切换开关S1～S4在运算放大器电流求和点虚地与地之间进行切换，切换时开关端点的电压几乎没有变化，切换的是电流，从而提高了开关速度。位切换开关S1～S4受相应的二进制代码控制，码位为"1"时，开关接运算放大器虚地；码位为"0"时，开关接地，所以$2R$支路上端的电位相同。因此，各$2R$支路下端a，b，c，d诸点的电压是按1/2系数进行分配的，相应各支路的电流也按1/2系数进行分配，这种网络的特点是：任何一个节点的3个分支的等

效电阻都是 $2R$。因此，从任何一个分支流入节点的电流都为 $I = U_R/3R$，并且电流 I 将在节点处被平分为相等的两个部分，经另外两个分支流出。由于基准电源提供给各支路的基准电流几乎是恒定的，故流经各切换开关 $2R$ 支路的电流分别为 $I_{REF}/2$，$I_{REF}/2^2$，$I_{REF}/2^3$，$I_{REF}/2^3$，$I_{REF}/2^4$。当所有晶体管开关都接运算放大器虚地时，即满度输出为：

$$U_{FS} = -\left(\frac{1}{2} + \frac{1}{4} + \frac{1}{8} + \frac{1}{16} \right) I_{REF}R = -\frac{15}{16} I_{REF}R$$

可见，满度输出电流比基准电流少 1/16，这是由于图 6-10 中右端 $2R$ 端电阻常接地造成的。但是，没有 $2R$ 端电阻会引起译码误差。

当增加电阻网络位数时，只增加低位量化的次数。所以对 n 位 D/A 转换器而言，其输出电压为：

$$U = -I_{REF} \times R\, (a_1 \times 2^{-1} + a_2 \times 2^{-2} + \cdots\cdots + a_n \times 2^{-n})$$

（1）D/A 转换器的输入/输出形式

D/A 转换器的数字量输入端有 3 种情况：不含数据锁存器，含单个数据锁存器，含双数据锁存器。如果 D/A 转换器的输入端无数据锁存器，则为了维持 D/A 转换输出的稳定，在与 CPU 接口时，要另加上数据锁存器，而在应用多个 D/A 转换器进行转换的场合，使用具有双数据锁存器的 D/A 转换器芯片是较为方便的。

对于 D/A 转换器的输出，又有单极性和双极性之分，以及某些场合下的偏置输出方式。前两种输出电路的连接示意图如图 6-11 所示。其中，单极性和双极性输出/输入关系式分别用下式表示：

单极性：$U_{OUT} = -\dfrac{D}{2^n} V_{REF}$

双极性：$U_{OUT} = -2\,U_1 - V_{REF}$

式中，n 为 D/A 转换器数字量的位数，D 为输入数字量。

电压输出型 D/A 转换器均为单极性输出方式。对于电流输出型 D/A 转换器，需要外接一个运算放大器作为电流-电压变换电路，此时输出也为单极性输出。从图 6-11 中可以看到，输出电压的极性是由参考电压 V_{REF} 的极性决定的，当运算放大器为反相放大器时，输出电压的极性与参考电压的极性相反。

双极性输出方式是在单极性输出的基础上加一个运算放大器所构成的。单极性输出的最低有效位 $1LSB = V_{REF}/2^8$，双极性输出的最低有效位 $1LSB = V_{REF}/2^7$。可见，双极性输出比单极性输出在灵敏度上要低一半。

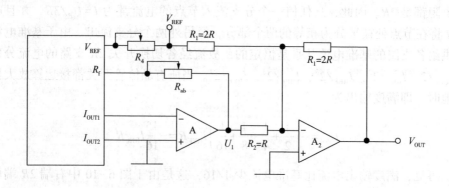

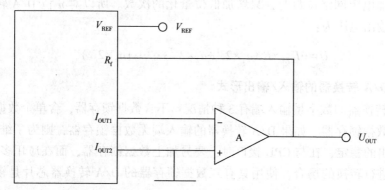

图 6-11　双极性输出(上)与单极性输出(下)

(2) D/A 转换器的主要技术

① 分辨率。其含义与 A/D 转换器相同。

② 稳定时间。稳定时间是指转换器中代码有满度值的变化时，其输出达到稳定(一般稳定到与±1/2 最低位值相当的模拟量范围内)所需的时间。一般为几十纳秒到几微秒。

③ 输出电平。不同型号 D/A 转换器的输出电平相差较大。一般为 5~10V，也有一些高压输出型的为 24~30V。还有一些电流输出型，低的为 20mA，高的可达 3A。

④ 输入编码。如二进制码、BCD 码、双极性时的符号-数值码、补码、偏移二进制码等。必要时可在 D/A 转换前用微处理器进行代码转换。

大多数 D/A 转换器都要进行调零和增益校准，这是十分重要而仔细的工作。D/A 转换器一般要先调零，然后校准增益，这样零点调节和增益调整之间就不会相互影响。对于一般的单片转换器，则要外接调零电路和增益校准电路。在进行调零和增益校准时，通常要使用精度和灵敏度较高的仪器。

1）调整步骤

为准确校准双极性转换器，必须了解单极性 D/A 转换器如何改变成双极性转换器，符号–数值码一般是用单极性转换器再加上独立的极性变换电路构成的。偏移二进制码或 2 的补码的双极性转换器也是由单极性转换器改变而来的，如量程为 0~+10V 的 8 位 D/A 转换器的输出放大器应偏移–5V。因此，与 00000000 输入状态相对应的输出是–5V，与 11111111 输入状态相对应的输出是+5V（减去一个最低位值）。这样的转换器应该在–5V（2 的补码为 10000000）时进行调零。调零首先在"开关均关闭"的状态下进行，然后再在"开关均导通"的状态下进行增益校准。

2）D/A 转换器的

① 调零。设置一定代码，使开关均关闭，然后调节调零电路，直至输出信号为零或落入适当的读数（±1/10 个最低位值范围内）为止。

② 增益校准。设置一定的代码，使开关均导通，然后调节校准电路，直至输出信号读数与满度值减去一个最低位值之差小于 1/10 个最低位值为止。

6.3.2　D/A 转换方法与原理

D/A 芯片种类繁多，有通用廉价的 D/A 转换器（DA7524、DAC0832）、高速和高精度的 D/A 转换器（AD562、AD7541）、高分辨率的 D/A 转换器（DAC1210、DAC1136）等，使用者可根据实际应用需要选用。

D/A 芯片的主要参数有分辨率、精度、建立时间（转换时间）等，与 A/D 芯片类似。选用 D/A，分辨率是首先要考虑的指标，因为它影响仪表的控制精度。几种常用的 D/A 芯片的特点和性能见表 6-2。

表 6-2　几种常用 D/A 芯片的特点和性能

芯片型号	位数	建立时间（转换时间）/ns	非线性误差/%	工作电压/V	基准电压/V	功耗/mW	与 TTL 兼容
DAC0832	8	1000	0.2~0.05	+5~+15	−10~+10	20	是
AD5724	8	500	0.1	+5~+15	−10~+10	20	是
AD7520	10	500	0.2~0.05	+5~+15	−25~+25	20	是
AD561	10	250	0.05~0.025	V_{CC}: +5~+16 V_{EE}: −10~−16		正电源 8~10 负电源 12~14	是
AD7521	12	500	0.2~0.05	+5~+15	−25~+25	20	是
DAC1210	12	1000	0.05	+5~+15	−10~+10	20	是

各种类型的 D/A 芯片，其功能管脚基本相同，都包括数字量输入端和模拟量输出端及基准电压端等。

D/A 转换器的数字量输入端可以分为没有数据锁存器的、有单数据锁存器的、有双数据锁存器的以及可以接收串行数字输入的。大部分芯片属于前几种。第一种与微机接口时要加数据锁存器，没有第二种方便。第三种可用于多个 D/A 转换器同时转换的场合，经过对个别引脚的处理也可以作为第二种芯片使用，第四种接收数据较慢，但适用于远距离现场控制的场合。

D/A 转换器的模拟量输出有两种方式，即电压输出和电流输出，见图 6-12。

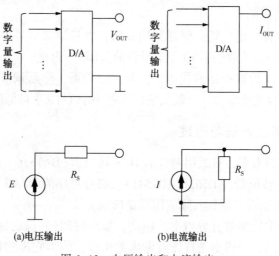

(a)电压输出　　　　　(b)电流输出

图 6-12　电压输出和电流输出

电压输出的 D/A 芯片相当于一个电压源，其内阻 R_S 很小，选用这种芯片时，与它匹配的负载电阻应较大。电流输出的芯片相当于电流源，其内阻 R_S 较大，选用这种芯片时，负载电阻不可太大。

在实际应用中，常选用电流输出的 D/A 芯片来实现电压输出，见图 6-13。图 6-13（a）是反相电压输出，输出电压 $V_{OUT} = -iR$；图 6-13（b）是同相电压输出，输出电压 $V_{OUT} = iR\left(1 + \dfrac{R_1}{R_2}\right)$。

上述两种电路均是单极性输出，如 $0 \sim +5V$、$0 \sim +10V$。在实际使用中，有时还需要双极性输出，如 $\pm 5V$、$\pm 10V$。如图 6-14 所示为将 D/A 芯片连接成双极性输出的电路。图中 $R_3 = R_4 = 2R_2$，输出电压 V_{OUT} 与基准电压 V_{REF} 及第一级运放 A_1 输出电压 V_1 的关系是 $V_{OUT} = -(2V_1 + V_{REF})$。$V_{REF}$ 通常就是芯片的电源电压或基准电压，它的极性可正可负。

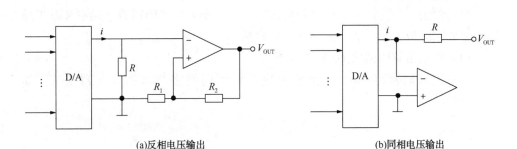

(a)反相电压输出　　　　　　　　　　　(b)同相电压输出

图 6-13　D/A 芯片电压输出

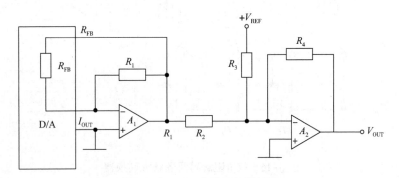

图 6-14　D/A 芯片双极性输出

D 表示数字信号，A 表示模拟信号，D/A 表示数字信号转换成模拟信号。将数字信号转换成模拟信号的电路，称为数模转换器(简称 D/A 转换器，DAC)。D/A 转换器常用电阻分压 /分流来实现 D/A 转换，让模拟量的输出变化与数字量的输入变化呈线性关系。

如图 6-15 所示，D/A 转换器由数码寄存器、模拟电子开关、解码网络、求和电路以及基准电压组成。数字量以串行或并行方式输入并存储于数码寄存器中，用数码寄存器输出的每一位数字去驱动对应数位上的模拟电子开关，在解码网络中获得相应数位的权值，然后将其送入求和电路，求和电路将各位权值相加便得到与数字量对应的模拟量。

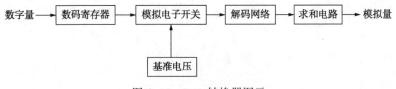

图 6-15　D/A 转换器图示

解码网络可分为两种：权电阻解码网络与 T 型电阻解码网络。其中又以 T 型电阻解码网络最为常用。下面分别进行介绍。

（1）权电阻解码网络 D/A 转换器

权电阻解码网络 D/A 转换器由权电阻解码网络与求和放大器组成，如图 6-16 所示。

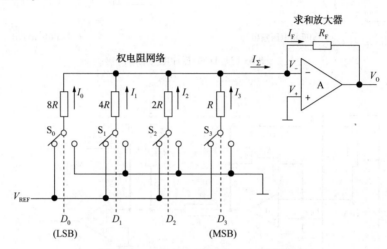

图 6-16　权电阻解码网络 D/A 转换器

权电阻网络的每一位由一个权电阻和一个双向模拟开关组成。数字位数增加，开关和电阻的数量也相应增加。每位电阻的阻值和该位的权值一一对应，按二进制规律进行排列，因此称为权电阻。

各开关 S_0、S_1、S_2、S_3 由该位的二进制代码 D_0、D_1、D_2、D_3 控制。例如，当代码 D_0 为 1 时，开关 S_0 向左合上，相应的权电阻接向基准电压 V_{REF}；当代码 D_0 为 0 时，开关 S_0 向右合上，相应的权电阻接地。

求和放大器是一个接了负反馈电阻的运算放大器，因运算放大器的开环输入阻抗极高，为了简化计算，可以认为运算放大器的输入电流 I_- 等于 0，反向输入端电压 K 约等于同相输入端电压 V_+（即 $V_- \approx V_+ = 0$）。

各支路电流分别为：

$$I_0 = \frac{V_{REF}}{8R}D_0 \ (D_0 = 1 \ 时，\ I_0 = \frac{V_{REF}}{8R}D_0；\ D_0 = 0 \ 时，\ I_0 = 0)$$

$$I_1 = \frac{V_{REF}}{4R}D_1$$

$$I_2 = \frac{V_{REF}}{2R}D_2$$

$$I_3 = \frac{V_{REF}}{R}D_3$$

权电阻网络流向求和点的电流为各位所对应的分电流之和:

$$I_\Sigma = I_0 + I_1 + I_2 + I_3$$

流过反馈电阻的电流为 $I_F = V_0/R_F$,因运算放大器的开环输入阻抗极高,可以认为该输入电流 I_F 等于 0,因此 $I_\Sigma = I_F$,即:

$$V_0 = -I_\Sigma \times R_F$$

设 $R_f = R/2$ 时,输出电压 V_0 的计算公式可写成:

$$V_0 = -\frac{V_{REF}}{2^4}(D_0 \times 2^0 + D_1 \times 2^1 + D_2 \times 2^2 + D_3 \times 2^3)$$

负号表示输出电压的极性与基准电压 V_{REF} 相反。对于 n 位的权电阻网络即为:

$$V_0 = -\frac{V_{REF}}{2^n}D$$

其中,D 表示输入数字量。

(2) T 型电阻解码网络 D/A 转换器

T 型电阻解码网络 D/A 转换器的原理图如图 6-17 所示。

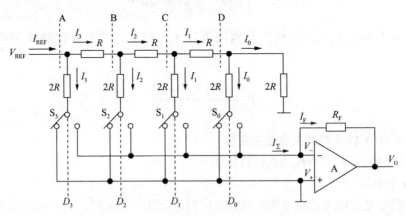

图 6-17　4 位 T 型电阻解码网络 D/A 转换器原理图

电路中只有 R 和 $2R$ 两种电阻,各节点电阻都接成 T 形,因此称为 T 型电阻解码网络。各模拟开关 S_0、S_1、S_2、S_3 分别由各位二进制代码 D_0、D_1、D_2、D_3

控制。比如，当 D_0 等于 1 时，开关 S_0 向右合上，接到运算放大器的反相输入端(虚地)；当 D_0 等于 0 时，开关 S_0 向左合上，接地。因此，不论模拟开关是向右合还是向左合上，即不论输入数字信号是 1 还是 0，网络中各支路的电流不变。那么，流经 2R 电阻的电流与开关位置无关。分析 2R 电阻网络可知，从每个节点 A、B、C、D 向右看的二端网络等效电阻均为 R，流入每个 2R 电阻的电流从高位到低位分别递减 1/2。整个网络的等效输入电阻也是 R，基准电压 V_{REF} 向网络输入的总电流为：

$$I = \frac{V_{REF}}{R}$$

流向 2R 电阻的各支路电流分别为 $I/2$、$I/4$、$I/8$、$I/16$，这些电流流向运算放大器的反相输入端还是流向地，取决于开关是向右还是向左合上，也就是输入数字信号是 1 还是 0。因此流向反相输入端的电流 I_Σ 为：

$$I_\Sigma = \frac{V_{REF}}{R}\left(\frac{D_0}{2^4} + \frac{D_1}{2^3} + \frac{D_2}{2^2} + \frac{D_3}{2^1}\right) = \frac{V_{REF}}{2^4 R}D$$

其中，D 表示输入数字量。

流过反馈电阻的电流为 $I_F = V_O/R_F$，因运算放大器的开环输入阻抗极高，可以认为该输入电流 I_- 等于 0，即输出电压为：

$$V_O = -I_\Sigma R_F = -\frac{R_F}{R} \times \frac{V_{REF}}{2^4}D$$

负号表示输出电压的极性与基准电压 V_{REF} 相反，对于 n 位的 T 型电阻网络为：

$$V_O = -\frac{R_F}{R} \times \frac{V_{REF}}{2^n}D$$

(3) D/A 转换器的主要性能指标

D/A 转换器的主要性能指标具体如下。

1) 分辨率

分辨率是指输入数字量的最低有效位(LSB)发生变化时，所对应的输出模拟量(电压或电流)的变化量。它反映了输出模拟量的最小变化值。分辨率与输入数字量的位数有确定的关系，可以表示成 FS/2。FS 表示满量程输入值，n 为二进制位数。对于 5V 的满量程，采用 8 位的 DAC 时，分辨率为 5/256 = 19.5 (mV)；当采用 12 位的 DAC 时，分辨率则为 5/4096 = 1.22(mV)。显然，位数越

多分辨率就越高。

2）线性度

线性度（也称非线性误差）是实际转换特性曲线与理想直线特性之间的最大偏差，常以相对于满量程的百分数表示。如±1%是指实际输出值与理论值之差在满刻度的±1%以内。

3）绝对精度和相对精度

① 绝对精度（简称精度）是指在整个刻度范围内，任一输入数字所对应的模拟量实际输出值与理论值之间的最大误差。绝对精度是由 DAC 的增益误差（当输入数码为全 1 时，实际输出值与理想输出值之差）、零点误差（数码输入为全 0 时，DAC 的非零输出值）、非线性误差和噪声等引起的。绝对精度（即最大误差）应小于 1 个 LSB。

② 相对精度用最大误差相对于满刻度的百分比表示。

4）建立时间

建立时间是将一个数字量转换为稳定模拟信号所需的时间，是描述 D/A 转换速率的一个动态指标。电流输出型 DAC 的建立时间比较短，电压输出型 DAC 的建立时间主要取决于运算放大器的响应时间。根据建立时间的长短，可以将 DAC 分成超高速（<1μs）、高速（10～1μs）、中速（100～10μs）、低速（≥100μs）几个档次。

应注意，精度和分辨率具有一定的联系，但概念不同。DAC 的位数多时，分辨率会提高，对应于影响精度的量化误差会减小。但其他误差（如温度漂移、线性不良等）的影响仍会使 DAC 的精度变差。

【例程 14】A/D 转换

单片机系统内部运算时用的全部是数字量，即 0 和 1，因此对单片机系统而言，我们无法直接操作模拟量，必须将模拟量转换成数字量。模拟信号只有通过 A/D 转化为数字信号后才能用软件进行处理，这一切都是通过 A/D 转换器（ADC）来实现的。与模数转换相对应的是数模转换，数模转换是模数转换的逆过程。

① 教授内容：数模转换芯片的用法。

② 作业需求：在读取温度状态下显示一个滑动变阻器的电压输出值。

③ 仿真电路：仿真电路如图例 6-1 所示。

该电路图基于 C51 单片机和数模转换芯片 ADC0804 显示 0～5V 范围内电压数值。按下按钮，在 4 位数码管上显示电压，通过调节滑动变阻器阻值改变电压大小，并在数码管实时显示电压值。

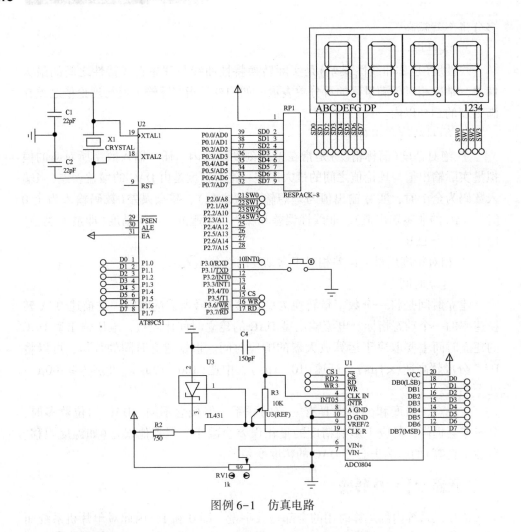

图例 6-1　仿真电路

④ 源程序：

```
#include "reg52. h"
#include "intrins. h"
#define nop( ) _ nop_ ( ) // 宏定义一个机器周期
#define unsigned char u8
#define unsigned int u16
#define ADC_ Data P1
#define SMG_ DData P0 // 数码管段码端口
#define SMG_ WData P2 // 数码管位码端口
```

```
// 引脚定义
sbit CS_ 0804 = P3^5;
sbit WR_ 0804 = P3^6;
sbit INT_ 0804 = P3^0;
sbit RD_ 0804 = P3^7;
sbit K1 = P3^1;
sbit K2 = P3^2;
bit value_ flag = 0; // 标志位
u8 code SMG_ Dcode[ ] {0x3F, 0x06, 0x5B, 0x4F, 0x66, 0x6D, 0x7D,
0x07, 0x7F, 0x6F}; // 段码表
u8 code SMG_ Wcode[ ] = {0xfe, 0xfd, 0xfb, 0xf7}; // 位码表
/ ***
函数名: getAdcValue
函数说明: 获取 ADC 寄存器值函数, 只是获取的 ADC 内部电压寄存器的值,
没有进行任何的转换; 而电压值的转换部分将放在显示部分
返回: u8 型数值
*** /
u8 getAdcValue( ){
    u8 DY = 0;
    WR_ 0804 = 1; // 先使其为高电平
    CS_ 0804 = 0; // 芯片选通使能
    WR_ 0804 = 0;
    WR_ 0804 = 1; // 相当于给了一个低电平脉冲启动转换
    nop( ); nop( ); nop( ); nop( );
    while( INT_ 0804 = = 1); // 等待转换结束
    RD_ 0804 = 0; // 读数据
    INT_ 0804 = 1;
    DY = ADC_ Data; // 返回电压寄存器中的值(注意, 此时未转换成具体
电压)
    RD_ 0804 = 1;
    return DY; // 返回电压寄存器中的值
}
```

```
/*** 函数名：disVoltage
函数说明：显示 A/D 转换后的电压值
此函数主要实现两个功能，一是将 ADC0804 电压寄存器中的值转换为实际电
压值；二是将实际电压值用数码管显示出来 ***/
void disVoltage(u8 V_0804) {
    double Voltage0 = (double)V_0804;
    u8 Ge = 0; //用于存取个位数值
    u8 Xiao1 = 0; // 用于存取小数点后第一位数值
    u8 Xiao2 = 0; // 用于存取小数点后第二位数值
    u8 Xiao3 = 0; // 用于存取小数点后第三位数值
    Voltage0 = (5 * (Voltage0/255)) * 1000; // 电压值已经转换
    Ge = ((u16)Voltage0)/1000%10;
    Xiao1 = ((u16)Voltage0)/100%10;
    Xiao2 = ((u16)Voltage0)/10%10;
    Xiao3 = ((u16)Voltage0)%10;
    SMG_WData = 0xff; // 消隐
    SMG_DData = SMG_Dcode[Ge] | 0x80;
    SMG_WData = SMG_Wcode[0];
    delay(4);
    SMG_WData = 0xff; // 消隐
    SMG_DData = SMG_Dcode[Xiao1];
    SMG_WData = SMG_Wcode[1];
    delay(4);
    SMG_WData = 0xff; // 消隐
    SMG_DData = SMG_Dcode[Xiao2];
    SMG_WData = SMG_Wcode[2];
    delay(4);
    SMG_WData = 0xff; // 消隐
    SMG_DData = SMG_Dcode[Xiao3];
    SMG_WData = SMG_Wcode[3];
    delay(4);
```

```
        SMG_ WData = 0xff;
}
/ *** 函数名：ScanKeyoutCmd
函数功能：检测按键是否被按下 ***/
void ScanKeyoutCmd(void){
    if(K1 = = 0){ // 检测按键是否按下
    delay(10); // 延时去抖动
        if(K1 = = 0){ // 确定按键按下
        value_ flag = ~value_ flag; // 取反标志位
        }
        while(K1 = = 0); // 检测松手
    }
}
void main(){
// K1 = 1; K2 = 1;
// CS_ 0804 = 1;
    value_ flag = 0; // 打开标志位
    while(1) {
        Scan_ keyoutCmd(); // 循环检测是否有按键按下启动或停止应用
程序
        if(value_ flag = = 1){ // 如果标志打开启动单片机运行程序
            disVoltage(getAdcValue());
        }
        else if(value_ flag = = 0){ // 如果标志关闭停止单片机运行程序
            CS_ 0804 = 1; //关闭 ADC
        }
    }
}
```

⑤ 流程图：流程图如图例 6-2 所示。

⑥ 作业提示：

在读取温度状态下显示一个滑动变阻器的电压输出值，可以采用数字化温度传感器 DS18B20，它适应电压范围广，有独特的单线接口方式，在使用中不需要

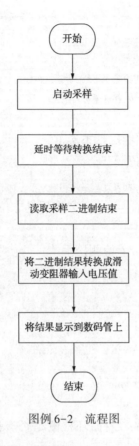

图例 6-2   流程图

任何外围原件，全部传感元件及转换电路集成在形如一只三极管的集成电路内，测温范围为-55~+125℃，可编程的分辨率为 9~12 位，可以实现高精度测温，测量结果直接输出数字温度信号，同时可传送 CRC 校验码，有很强的抗干扰纠错能力。

6.4   蜂鸣器

蜂鸣器是单片机实例应用中常见的功能模块，它与 LED 灯一样，通常用来报警或是给予提示，例如用来控制速度上下限、温度等，当速度、温度达到设定值时蜂鸣器响起，起到报警与提示作用。传感器作为单片机学习的必备知识，亦是需要掌握的，可以先学习简单的温度、速度传感器的使用，这里我们学习DS18B20 这个常见的温度传感器的使用。

【例程 15】蜂鸣器

① 教授内容：蜂鸣器的用法。

② 作业需求：增加一个蜂鸣器，读取温度时当数值超过设置的上限时蜂鸣器响起。

③ 蜂鸣器的使用是通过控制单片机一个端口的输出频率，使蜂鸣器发出声音，也可以改变延时时长来检测蜂鸣器发声的变化。

④ 蜂鸣器仿真实例：蜂鸣器仿真实例如图例 6-3 所示。

蜂鸣器通过电流驱动，I/O 口的电流较小，因此增加三极管来放大电流进行驱动，当电流通过三极管到蜂鸣器内时，蜂鸣器发出声音。其中 R_1 为三极管基极的限流电阻，R_2 是基极下拉电阻，保证基极浮空或处于高阻状态时，三极管有效关断，防止误触发。

⑤ 流程图：流程图如图例 6-4 所示。

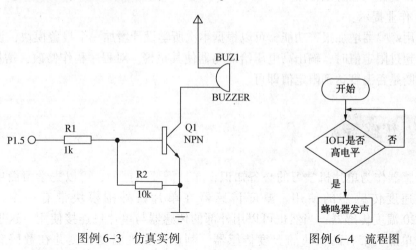

图例 6-3　仿真实例　　　　　图例 6-4　流程图

⑥ 源程序：

```
// 此文件中定义了单片机的一些特殊功能寄存器
#include "reg52. h"
// 因为要用到左右移函数，所以加入这个头文件
#include<intrins. h>
// 对数据类型进行声明定义
typedef unsigned int u16;
```

```
typedef unsigned char u8;
sbit beep = P1^5;
void main( ) {
    while(1) {
        beep = ~beep; // 高低电平转换,"~"是取反符号
        delay(10); // 延时大约 100μs 通过修改延时时间达到不同发声效果
    }
}
```

程序中定义蜂鸣器接单片机 P1.5 接口，输出高电平时蜂鸣器响起，低电平时不响，通过加入延迟函数控制高低电平转换之间的时间间隔就可以控制蜂鸣器发声的效果。可以尝试将更改不同延迟时间的程序烧入单片机中去观察声音的变化情况，更深入理解该程序。

⑦ 作业提示：

利用蜂鸣器增加报警功能，可以根据本次所学设计增加一个报警模块，设置当温度超过限定值时，输出高电压给蜂鸣器使其报警。对程序稍作修改，增加 if 语句判断是否温度达到限定值即可。

6.5 传感器

传感器作为单片机学习的必备知识，亦是需要掌握的，可以先学习简单的温度、速度传感器的使用。温度传感器在单片机外围模块带有一个，既 DS18B20 温度传感器，当然也可以用外部的传感器与单片机连接使用。这里我们讲授单片机带有的模块的温度传感器，利用其实现温度检测并在数码管屏显示。

【例程 16】DS18B20 温度传感器的使用

DS18B20 的核心功能是它可以直接读出数字的温度数值。温度传感器的精度为用户可编程的 9、10、11 或 12 位，分别以 0.5℃、0.25℃、0.125℃ 和 0.0625℃增量递增。在上电状态下默认的精度为 12 位。模块启动后保持低功耗等待状态，当需要执行温度测量和 A/D 转换时，总线控制器必须发出 [44h] 命令。转换完以后，产生的温度数据以两个字节的形式被存储到高速暂存器的温度寄存器中，DS18B20 继续保持等待状态。内部存储器包括一个高度的暂存器 RAM 和一个非易失性的可电擦除的 EEPROM，后者存放高温度和低温度触发器

TH、TL 和结构寄存器。

　　① 教授内容：温度传感器的用法。

　　② 作业需求：将滑动变阻器替换成温度传感器。

　　③ 仿真实例图：仿真程序如图例 6-5 所示。

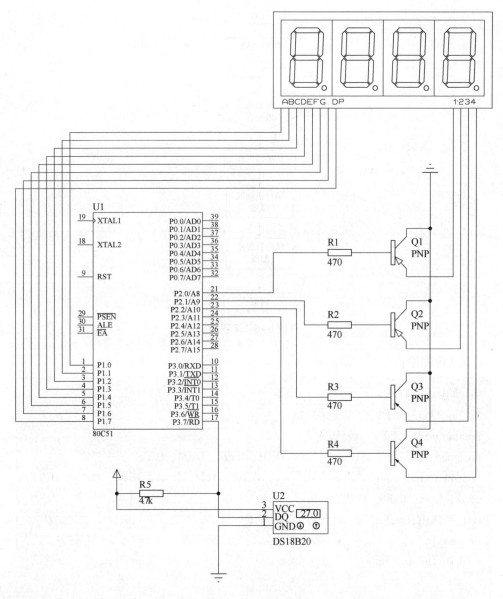

图例 6-5　仿真程序

　　分析仿真图，我们可以看出在 ISIS 中添加 AT89C51 芯片，将其与四位数码管连接，外接 DS18B20 温度传感器，数码管需要连接三极管，通过三极管来调整单片机输出电流大小以便于适应数码管的工作电流。

　　④ 流程图：流程图如图例 6-6 所示。

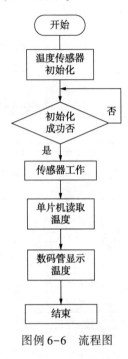

图例 6-6　流程图

　　⑤ 源程序：

```c
#include<reg51.h>
#define segment P1 // 段选端口
#define aselect P2 // 位选端口
unsigned char code wxcode[4] = {0x01, 0x02, 0x04, 0x08};
unsigned char code dxcode[10] = {0xc0, 0xf9, 0xa4, 0xb0, 0x99, 0x92,
0x82, 0xf8, 0x80, 0x90};
sbit DSPORT = P3^7;
int temp;
void DigDisplay(int);
/ * * *
void Delay1ms(unsigned int y){
```

```
    unsigned int x;
    for( y; y>0; y--)
        for( x = 110; x>0; x--);
}
/***
 * 函数名          : Ds18b20Init
 * 函数功能        : 初始化
 * 输入            : 无
 * 输出            : 初始化成功返回 1，失败返回 0
 ***/
unsigned char u8{
    unsigned int u16;
    DSPORT = 0; // 将总线拉低 480~960μs
    i = 70;
    while( i--); //延时 642μs
    DSPORT = 1; // 拉高总线，如果 DS18B20 做出反应会将在 15~60μs 后
总线拉低
    i = 0;
    while( DSPORT) { // 等待 DS18B20 拉低总线
        i++;
        if( i>5000) // 等待>5ms
        return 0; // 初始化失败
    }
    return 1; // 初始化成功
}
/***
 * 函数名          : Ds18b20WriteByte
 * 函数功能        : 向 18B20 写入一个字节
 * 输入            : com
 * 输出            : 无
 ***/
void Ds18b20WriteByte( unsigned char u8) {
    unsigned int i, j;
```

```
    for(j = 0; j<8; j++){
        DSPORT = 0;                // 每写入一位数据之前先把总线拉低 1μs
        i++;
        DSPORT = dat&0x01;   // 然后写入一个数据, 从最低位开始
        i = 6;
        while(i--);        // 延时 68μs, 持续时间最少 60μs
        DSPORT = 1; // 然后释放总线, 至少 1μs 给总线恢复时间才能写入
第二个数值
        U8>> = 1;
        DigDisplay(temp);
    }
}
/ * * *
 * 函数名           : Ds18b20ReadByte
 * 函数功能         : 读取一个字节
 * 输入             : com
 * 输出             : 无
 * * */
nsigned char Ds18b20ReadByte(){
    unsigned char byte, bi;
    unsigned int i, j;
    for(j = 8; j>0; j--){
        DSPORT = 0; // 先将总线拉低 1μs
        DSPORT = 1; // 然后释放总线
        i++;
        i++;                 // 延时 6μs 等待数据稳定
        bi = DSPORT; //读取数据, 从最低位开始读取
        byte = (byte>>1) | (bi<<7); / * * * 将 byte 左移一位, 然后和右
移 7 位后的 bi 相与, 注意移动之后移掉那一位补 0 * * */
        i = 4;                // 读取完之后等待 48μs 再接着读取下一个数
        while(i--);
        DigDisplay(temp);
    }
```

```
        return byte;
}
/***
 * 函数名            : Ds18b20ChangTemp
 * 函数功能          : 让 18b20 开始转换温度
 * 输入              : com
 * 输出              : 无
***/
void Ds18b20ChangTemp( ) {
    int i = 50;
    Ds18b20Init( );
    Delay1ms(1);
    Ds18b20WriteByte(0xcc);      // 跳过 ROM 操作命令
Ds18b20WriteByte(0x44);        // 温度转换命令

    while(i ! = 0) {
        i--;
        DigDisplay(temp);

    }
        Delay1ms(100);
}
/***
 * 函数名            : Ds18b20ReadTempCom
 * 函数功能          : 发送读取温度命令
 * 输入              : com
 * 输出              : 无
***/
void Ds18b20ReadTempCom( ) {
    Ds18b20Init( );
    Delay1ms(1);
    Ds18b20WriteByte(0xcc);      // 跳过 ROM 操作命令
    Ds18b20WriteByte(0xbe);  // 发送读取温度命令

}
```

```c
/***
 * 函数名         : Ds18b20ReadTemp
 * 函数功能       : 读取温度
 * 输入           : com
 * 输出           : 无
***/
int Ds18b20ReadTemp() {
    int temp = 0;
    unsigned char tmh, tml;
    Ds18b20ChangTemp();                // 先写入转换命令
    Ds18b20ReadTempCom();              // 然后等待转换完后发送读取温度命令
    tml = Ds18b20ReadByte();           // 读取温度值共16位, 先读低字节
    tmh = Ds18b20ReadByte();           // 再读高字节
    temp = tmh;
    temp<< = 8;
    temp |  = tml;
    return temp;
}
void main() {
    int tp;
    int i = 0;
    while(1) {
        temp = Ds18b20ReadTemp();
        if( temp < 0) {
            temp = temp-1;
            temp = ~temp;
            tp = temp;
            temp = tp * 0. 0625 * 100+0. 5;
        }
        else {
            tp = temp;
            temp = tp * 0. 0625 * 100+0. 5;
        }
```

```
            DigDisplay(temp);
        }
}
/******************/
void DigDisplay(int temp) {        // 数码管显示
    int hundred;
    int ten;
    int one;
    int mint;
    unsigned char i;
    unsigned int j;
    hundred = temp / 10000;
    ten = temp % 10000 / 1000;
    one = temp % 1000 / 100;
    mint = temp % 100 / 10;
    for(i=0; i<5; i++){
        aselect = wxcode[i];
        segment = 0xff;
        if(i == 0){
            segment = dxcode[hundred];
        }
        if(i == 1){
            segment = dxcode[ten];
        }
        if(i == 2){
            segment = dxcode[one] | 0x00;
            segment = dxcode[one]&0x7f;
        }
        if(i == 3){
            segment = dxcode[mint];
        }
        j=10;
        while(j--);
```

```
        segment  = 0xff;
    }
}
```

程序包含了温度传感器的初始化、读函数、写函数等多个子函数，需要完成温度传感器的读取写入功能，实现温度传感器工作，以及数码管的显示功能。仔细观察程序会发现，温度传感器的各个功能其实都需要一个函数程序来完成，其中温度读取便是由 Ds18b20ReadTemp 函数来完成的，程序中其他功能函数不再赘述。

【例程 17】多机通信

通信有并行和串行两种通信方式，其中并行是将所有位一起传送，而串行是一位一位逐次传送。串口通信可分为单工、半双工、全双工 3 种方式。本例程使用的是单工串口通信方式，实现将一个单片机的信息传递到另一个单片机上。实现串口通信必须满足两个条件，首先两个单片机的波特率需相同，其次要设置好传递的起始位与停止位。

① 教授内容：

以一个单片机为发送器，另一个单片机为接收器。将发送器上按键的信息传到接收器上来控制 LED 灯的熄灭与点亮。发送器的按键能够控制接收器上 LED 灯的熄灭与点亮，即第一次按下按键 LED 灯点亮，再次按下时 LED 灯熄灭，且此过程能循环往复。

② 作业需求：

将主机读取的温度数据通过串口传输到从机，从机同样有数码管显示该数值。

③ 仿真电路：

仿真电路如图例 6-7 所示。

外设器件包括两个单片机（连接独立按键的为发送器，连接 LED 灯的为接收器）、PNP 型三极管、独立按键、电阻，其中单片机的接法是 RXD 接口与 TXD 接口相连接。发送器中，按键接的是 P0.0 接口。最初发送器 P0.0 接口为高电平，发送器将这个高电平信息发送给接收器的 P0.0 接口，此时三级管不导通 LED 灯不亮，当按键按下时发送器 P0.0 接口状态将低电平信息传递给接收器的 P0.0 接口，此时三极管导通，LED 灯点亮。再次按下按键时，LED 灯熄灭。

④ 流程图：

通过以上电路图分析画出流程图如图例 6-8 所示。

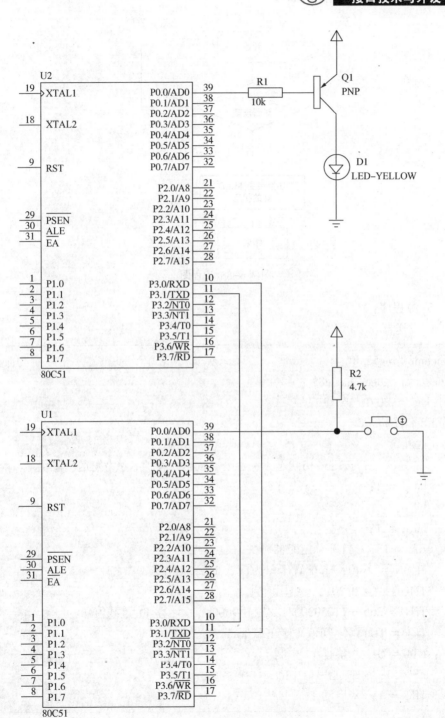

图例 6-7　仿真电路

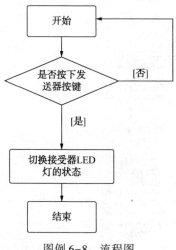

图例 6-8　流程图

⑤ 源程序：

a. 发送器：

```c
#include "reg52.h"
typedef unsigned char u8;
sbit key = P0^0;
void delay();
void main(){
    // 定义 a 为按键最初状态，b 为按键状态暂存值，c 为发送信息值
    bit a = 1;
    bit b;
    bit c = 1;
    EA = 1; // 打开总定时器开关
    SCON = 0x40; // 配置串口为模式 1
    TMOD  = 0x20; // 启用时钟 1
    TH1 = 256-(11059200/12/32)/9600; // 计算 T1 重载值
    TL1 = TH1; // 初值等于重载值
    ET1 = 0; // 禁止 T1 中断
    ES = 1; // 使能串口中断
    TR1 = 1; // 启动 T1
```

```
while (1){
        b = key; // 把当前按键状态暂存
      if (b! = a){ // 当前值与前次值不相等说明此时按键有动作
          delay(); // 延时大约 10ms
        if (b = = key){ // 判断扫描值有没有发生改变，即按键抖动
            if (a ! = 0){ // 如果前次值不为 0，则说明当前是按下
动作
              c = ~c; // 如果按键按下则改变一次发送信息的状态
              SBUF = c; // 将按键的状态发送到接收器
              while(! TI); // 这里等待发送
              TI = 0; // 这里重置为 0 以便于下一次发送
            }
            a = b; // 更新备份为当前值，以备进行下次比较
          }
        }
      }
}
```

b. 接收器：

```
#include " reg52. h"
sbit led = P0^0;
void main( ){
    EA = 1;
    SCON = 0x50;
    TMOD | = 0x20; // 配置 T1 为模式 2
    TH1 = 256-(11059200/12/32)/9600;
    TL1 = TH1;
    ET1 = 0; //禁止 T1 中断
    ES = 1; // 使串口中断
    TR1 = 1; // 启动 T1
    while(1);
}
```

```
/***
函数名：InterruptUART
函数功能：接收中断程序
***/
void InterruptUART( ) interrupt 4{
    led = SBUF; // 接受发送器发来的数值
    RI = 0; // 重置以便于下一次接收
}
```

⑥ 作业提示：

a. 配置 SCON 寄存器时一般使用模式 1，因为这个模式下传输的信息就有 1 个起始位，1 个停止位，8 个数据传输位。接收器需开启串行接收，即 SCON 寄存器中 REN 需设置为 1，所以需设置 SCON 为 0x50。发送器中的 SBUF 与接收器中的 SBUF 含义不同，一个用于发送信号，一个用于接收信号。

b. TI 为发送中断标志，当发送停止时，TI 由硬件置 1，需用程序清零。RI 为接收中断标志，当接收停止时，RI 由硬件置 1，需用程序清零。

c. 同时显示两个数字需要用到动态数码扫描的知识。虽然事实上在某一时刻只显示了一个数码管的数字，但由于两个数码管显示的间隔极短给人眼一种同时显示的错觉。编程时可从这方面入手，利用中断函数、switch 语句来编写一个动态数码管扫描程序。

d. 思考一次性传输的数字不能超过多少？

扫一扫，获取更多资源

扫描二维码
获取配套资料

第7章　高级应用

经过前面基础内容的学习和训练，有兴趣的读者可以继续学习下面这些高级应用。其实这些高级应用中出现的外设和芯片并不是只有51单片机才能使用，其他的单片机系列甚至模拟电路都能与之实现通信。所以在下面的这些例程中，读者应该掌握的是这些外设和芯片如何使用和编程，它们的时序和通信方式，51单片机仅仅只是一个较为方便的媒介和桥梁。万变不离其宗，像单片机这种利用核心运算器芯片，通过I/O端口控制各种不同外设器件的方式，就是当今五花八门的电子设备和仪器仪表的核心设计手段。读者通过这些例程的学习，便可体会一二。

7.1　矩阵键盘

【例程18】矩阵键盘

采用独立按键输入方式，每个按键要占用一个端口，若按键数量很多时会占用大量端口，即独立按键输入方式不适用在按键数量很多的场合，如果确实需要用到大量的按键输入，可用扫描检测方式的矩阵键盘输入电路。

① 教授内容：教授矩阵键盘的用法。

② 作业需求：将例程4中的普通按键替换成矩阵键盘。

③ 仿真电路：仿真电路如图例7-1所示。

外设器件由16个按键（BUTTON）组成的矩阵键盘，一个8位数码管（7SEG-MPX1-CA）和一个接地的蜂鸣器（SOUNDER）组成。

电路图表示的为数码管显示4×4矩阵键盘按键号，按下任意键时，数码管都会显示其键的序号，扫描程序首先判断被触发的按键发生在哪一列，然后根据所发生的行附加不同的值，从而得到按键的序号。

④ 流程图：

通过上述外设电路的分析，可以做出流程图如图例7-2所示。这个程序是没有终止的死循环。

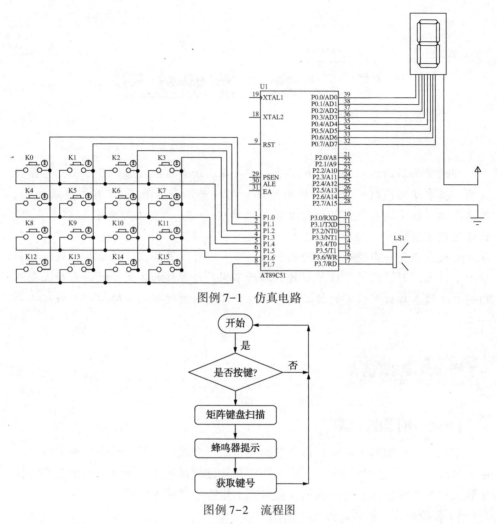

图例 7-1　仿真电路

图例 7-2　流程图

⑤ 源程序：

```
#include<reg51. h>
#define u8 unsigned char
#define u16 unsigned int
// 段码
u8 code DSY_ CODE[ ] = {0xc0, 0xf9, 0xa4, 0xb0, 0x99, 0x92, 0x82,
0xf8, 0x80, 0x90, 0x88, 0x83, 0xc6, 0xa1, 0x86, 0x8e, 0x00};
sbit BEEP = P3^7; // 上次按键和当前按键的序号，该矩阵中序号范围 0~15,
16 表示无按键
```

```
u8 Pre_ KeyNo = 16, KeyNo = 16;
// 矩阵键盘扫描
void Keys_ Scan( ){
    u8 Tmp;
    P1 = 0x0f; // 高 4 位置 0，放入 4 行
    delay(1);
    Tmp = P1^0x0f; // 按键后 0f 变成 0000XXXX，X 中一个为 0，3 个仍为
1，通过异或把 3 个 1 变为 0，唯一的 0 变为 1
    switch(Tmp){ // 判断按键发生于 0~3 列的哪一列
        case 1: KeyNo = 0; break;
        case 2: KeyNo = 1; break;
        case 4: KeyNo = 2; break;
        case 8: KeyNo = 3; break;
        default: KeyNo = 16; // 无键按下
    }
    P1 = 0xf0; // 低 4 位置 0，放入 4 列
    delay(1);
    Tmp = P1>>4^0x0f;
    // 按键后 f0 变成 XXXX0000，X 中有 1 个为 0，三个仍为 1；高 4 位转
移到低 4 位并异或得到改变的值
    switch(Tmp){ // 对 0~3 行分别附加起始值 0, 4, 8, 12
        case 1: KeyNo+ = 0; break;
        case 2: KeyNo+ = 4; break;
        case 4: KeyNo+ = 8; break;
        case 8: KeyNo+ = 12;
    }
}
// 蜂鸣器
void Beep( ){
    u8 i;
    for(i = 0; i<100; i++){
        delay(1);
        BEEP = ~BEEP;
    }
```

```
        BEEP = 0;
    }
//主程序
void main( ) {
        P0 = 0x00;
        BEEP = 0;
        while(1) {
            P1 = 0xf0;
            if( P1! = 0xf0) Keys_ Scan( ); //获取键序号
            if( Pre_ KeyNo! = KeyNo) {
                P0 = DSY_ CODE[ KeyNo ];
                Beep( );
                Pre_ KeyNo = KeyNo;
            }
            delay( 100 );
        }
}
```

单片机首先让 P1.7 ~ P1.4 为低电平, P1.3 ~ P1.0 为高电平, 即 P1 = 00001111(0x0f), 一旦有按键按下, 就会出现 P1≠00001111, 单片机开始逐列检测按键, 按键后 0f 变成 0000XXXX, X 中一个为 0, 3 个仍为 1, 通过异或把 3 个 1 变为 0, 唯一的 0 变为 1, 判断按键发生于 0~3 列的哪一列, 然后低 4 位置 0, 放入 4 列; 按键后 f0 变成 XXXX0000, X 中有 1 个为 0, 三个仍为 1; 高 4 位转移到低 4 位并异或得到改变的值, 对 0~3 行分别附加起始值 0, 4, 8, 12, 执行 KeyNo 函数, 然后执行主程序后得到键序号。

将这个文件加入 Keil 的工程中, 并进行编译, 即可在同一文件夹中生成 main. hex 文件。这个 hex 文件可以在 Proteus 中进行仿真, 或者通过烧录器烧写进实体的 51 单片机中。

⑥ 提示:

当把独立按键替换为矩阵键盘时, 可以设计一个 2×2 的矩阵键盘, 分别实现对一个红灯的持续亮、黄灯闪烁三秒后停止闪烁(可定义一个定时中断服务函数来控制黄灯的动作状态), 控制另一个红灯亮(此时绿灯不亮), 控制绿灯亮(红灯不亮)。

7.2　显示屏

　　1602 字符型液晶也叫 1602 液晶,它是一种专门用来显示字母、数字、符号等的点阵型液晶模块。字符型液晶,能够同时显示 16×02 即 32 个字符。

　　它由若干个 5×7 或者 5×11 等点阵字符位组成,每个点阵字符位都可以显示一个字符,每位之间有一个点距的间隔,每行之间也有间隔,起到了字符间距和行间距的作用,正因为如此,所以它不能很好地显示图形(用自定义 CGRAM,显示效果也不好)。

　　1602 字符型 LCD 通常有 14 条引脚线或 16 条引脚线的 LCD,多出来的 2 条线是背光电源线 VCC(15 脚)和地线 GND(16 脚),其控制原理与 14 脚的 LCD 完全一样,见表 7-1、表 7-2。

表 7-1　引脚功能

引脚	符号	功能说明
1	VSS	一般接地
2	VDD	接电源(+5V)
3	V0	液晶显示器对比度调整端,接正电源时对比度最弱,接地电源时对比度最高(对比度过高时会产生"鬼影",使用时可以通过一个 10K 的电位器调整对比度)
4	RS	RS 为寄存器选择,高电平 1 时选择数据寄存器,低电平 0 时选择指令寄存器
5	R/W	R/W 为读写信号线,高电平(1)时进行读操作,低电平(0)时进行写操作
6	E	E(或 EN)端为使能(enable)端,写操作时,下降沿使能,读操作时,E 高电平有效
7	DB0	低 4 位三态、双向数据总线 0 位(最低位)
8	DB1	低 4 位三态、双向数据总线 1 位
9	DB2	低 4 位三态、双向数据总线 2 位
10	DB3	低 4 位三态、双向数据总线 3 位
11	DB4	高 4 位三态、双向数据总线 4 位
12	DB5	高 4 位三态、双向数据总线 5 位
13	DB6	高 4 位三态、双向数据总线 6 位
14	DB7	高 4 位三态、双向数据总线 7 位(最高位)(也是 busy flag)
15	BLA	背光电源正极
16	BLK	背光电源负极

busy flag(DB7)：在此位为 1 时，LCD 忙，将无法再处理其他的指令要求。

1602 液晶模块内部的字符发生存储器(CGROM)已经存储了 160 个不同的点阵字符图形，这些字符有：阿拉伯数字、英文字母的大小写、常用的符号和日文假名等，每一个字符都有一个固定的代码，比如大写的英文字母"A"的代码是01000001B(41H)，显示时模块把地址 41H 中的点阵字符图形显示出来，我们就能看到字母"A"。

表 7-2　寄存器选择控制表

RS	R/W	操作说明
0	0	写入指令寄存器(清除屏等)
0	1	读 busy flag(DB7)，以及读取位址计数器(DB0~DB6)值
1	0	写入数据寄存器(显示各字型等)
1	1	从数据寄存器读取数据

注：关于 E=H 脉冲，开始时初始化 E 为 0，然后置 E 为 1，再清 0。

因为 1602 识别的是 ASCII 码，试验可以用 ASCII 码直接赋值，在单片机编程中还可以用字符型常量或变量赋值，如'A'。

1602 字符液晶显示可分为上下两部分各 16 位进行显示，处于不同行时的字符显示地址见表 7-3。

表 7-3　字符显示地址

显示字符	1	2	3	4	5	6	7	8	9	10	11	12	13	14	15	16
第一行地址	00H	01H	02H	03H	04H	05H	06H	07H	08H	09H	0AH	0BH	0CH	0DH	0EH	0FH
第二行地址	40H	41H	42H	43H	44H	45H	46H	47H	48H	49H	4AH	4BH	4CH	4DH	4EH	4FH

1602 通过 D0~D7 的 8 位数据端传输数据和指令。

显示模式设置(初始化)：

00111000[0x38]设置 16×2 显示，5×8 点阵，8 位数据接口。

显示开关及光标设置(初始化)：

00001DCBD 显示(1 有效)、C 光标显示(1 有效)、B 光标闪烁(1 有效)；

000001NSN＝1(读或写一个字符后地址指针加 1，光标加 1)；

N＝0(读或写一个字符后地址指针减 1，光标减 1)；

s＝1 且 N＝1(当写一个字符后，整屏显示左移)；

s = 0 当写一个字符后，整屏显示不移动。

数据指针设置：

数据首地址为 80H，所以数据地址为 80H+地址码（0~27H，40~67H）。

其他设置：

01H（显示清屏，数据指针=0，所有显示=0）；02H（显示回车，数据指针=0）。

通常推荐的初始化过程：

延时 15ms

写指令 38H

延时 5ms

写指令 38H

延时 5ms

写指令 38H

延时 5ms

（以上都不检测忙信号）

（以下都要检测忙信号）

写指令 38H

写指令 08H 关闭显示

写指令 01H 显示清屏

写指令 06H 光标移动设置

写指令 0cH 显示开及光标设置

完毕

使用 Proteus 仿真 1602，即 LM016L，依照数据手册说明可能遇到的困难，可以尝试采用以下方案解决：

① 数据手册中可能介绍 1602 内部 D0~D7 已有上拉，可以使用 P0 口直接驱动。在 Proteus 里 LM016L 内部可能没有，应该人为加上拉电阻。建议不要使用排阻，使用普通电阻一个一个拉应该可以解决问题。

② 可能碰到不能检测忙信号的问题，尝试使用延时把忙信号拖过去。LCD 显示器是一种被动式显示器，由于它功耗极低、抗干扰能力强，因而在低功耗的智能仪器系统中大量使用。LCD 显示器中最主要的物质就是液晶，它是一种规则性排列的有机化合物，是一种介于固体和液体之间的物质，其本身不发光，只是调节光的亮度。目前，智能仪器中常用的 LCD 显示器都是利用液晶的扭曲 向列效应原理制成的单色液晶显示器。向列效应是一种电场效应，夹在两片导电玻璃电极之间的液晶经过一定的处理，其内部的分子呈 90° 扭曲，当线性的偏振光透过其偏振面时便会旋转 90°。当在玻璃电极上加上电压后，在电场的作用下，液

晶的扭曲结构消失，分子排列变得有秩序，其旋光作用也消失，偏振光便可以直接通过。当去掉电场后液晶分子又恢复其扭曲结构，阻止光线通过。把这样的液晶置于两个偏振片之间，改变偏振片相对位置(正交或平行)，让液晶分子如闸门般地阻隔或让光线穿透就可以得到白底黑字或黑字白底的显示形式。

LCD 显示器在上、下玻璃电极之间封入向列型液晶材料，液晶分子平行排列，上、下扭曲 90°，外部入射光通过平行排列的液晶材料后被旋转 90°，再通过与上偏振片垂直的下偏振片，被反射板反射回来，呈透明状态；当上、下电极加一定的电压后，电极部分的液晶分子转成垂直排列，失去旋光性，从上偏振片入射的偏振光不被旋转，光无法通过下偏振片返回，因而呈黑色。根据需要，将电极做成各种文字、数字、图形，就可以获得各种状态显示。

LCD 显示器按光电效应分类，可分为电场效应类、电流效应类、电热写入效应类和热效应类。电场效应类又分为扭曲向列效应(TN)类、宾主效应(GH)类和超扭曲效应(STN)类等。目前在智能仪器系统中，普遍采用的是 TN 型和 STN 型液晶器件。另外，从显示内容上可分为字段式、点阵字符式和点阵图形式三种。

LCD 的主要参数有响应时间(毫秒级)、余辉(毫秒级)、阈值电压(3~20V)、功耗(5~100mW/cm^2)，以及分辨率等。

LCD 显示器也分为 7 段(或 8 段)显示结构，因此也有 7 个(或 8 个)段选端，需要接段驱动器。而其与 LED 显示器不同之处在于显示时，每个段要由频率为几十赫兹到数百赫兹的节拍方波信号驱动，该方波信号加到 LCD 的公共电极和段驱动器的节拍信号输入端。从显示的清晰稳定角度要求，交流方波电压的频率约在 30~100Hz 为宜，其频率的下限取决于人的视觉暂停特性，上限取决于 LCD 的高频特性。LCD7 段显示器除了 a~g 这 7 个字段外还有一个公共极 COM。

LCD 显示器的驱动方式有两种，当显示容量比较小时，一般采用静态驱动；显示容量较大时，采用多路扫描驱动，或称动态驱动。

LCD 表示某个液晶显示字段，其显示控制电极和公共电极分别与异或门的 C 端和 A 端相连。当异或门的 B 端为低电平时，此字段上两个电极的电压相位相同，两个电极的相对电压为零，该字段不显示；当异或门的 B 端为高电平时，此字段上两个电极的电压相位相反，两个电极的相对电压为两倍幅值方波电压，该字段呈黑色显示。

静态驱动是液晶显示器最基本的驱动方式，多用在字段式 LCD 上。静态驱动就是采用把所有段电极逐个驱动的方式，所有段电极和公共电极之间仅在要显示时才施加电压。静态 LCD 驱动接口的功能是将要显示的数据通过译码器译为显示码，再变为低频的交变信号，送到 LCD 显示器。译码方式有硬件译码和软件译码两种，硬件译码采用译码器，软件译码由单片机通过查表的方法完成。

LCD 显示器采用 4N07。4N07 的工作电压为 3~6V，阈值电压为 1.5V，工作频率为 50~200Hz，采用静态工作方式，译码驱动器采用 MC14543。MC14543 是带锁存器的 CMOS 型译码驱动器，可以将输入的 BCD 码数据转换为 7 段显示码输出。驱动方式由 PH 端控制，在驱动 LCD 时，PH 端输入显示方波信号。LD 是内部锁存器选通端，LD 为高电平时，允许 A~D 端输入 BCD 码数据；LD 为低电平时，锁存输入数据。BI 端是消隐控制，BI 为高电平时消隐，即输出段 a~g 端输出信号的相位与 PH 端相同。每块 MC14543 各驱动一位 LCD，BCD 码输入端 A~D 接到单片机的 P1.0~P1.3，锁存器选通端 LD 分别接到 P1.4~P1.7，由 P1.4~P1.7 分别控制 4 块 MC14543 的输入 BCD 码。MC14543 的相位端 PH 接到单片机的 P3.7，由 P3.7 提供一个显示用的低频方波信号。这个方波信号同时也提供给 LCD 显示器的公共端 COM。

当显示像素众多时，如点阵型 LCD，为节省驱动电路，多采用动态驱动方式，也就是将全部段电极分为数组，然后将它们分时驱动。

LCD 的动态驱动接口通常采用专门的集成电路芯片来实现。MC145000 和 MC145001 是较为常用的 LCD 专用驱动芯片。MC145000 是主驱动器，MC145001 是从驱动器。主、从驱动器都采用串行数据输入方式，一片主驱动器可带多片从驱动器。主驱动器可以驱动 48 个显示字段或点阵，每增加一片从驱动器可以增加驱动 44 个显示字段或点阵。驱动方式采用 1/4 占空系数的 1/3 偏压法。

MC145000 的 B1~B4 端是 LCD 背电极驱动端，接 LCD 的背电极，即公共电极 COM1~COM4。MC145000 的 F1~F12 和 MC145001 的 F1~F11 端是正面电极驱动端，接 LCD 的字段控制端。对于 7 段字符 LCD，B1 接 a 和 f 字段的背电极，B2 接 b 和 g 的背电极，B3 接 c 和 e 的背电极，B4 接 d 和 dp 的背电极。F1 接 d、e、c、f 和 g 的正面电极，F2 接 a、b、c 和 dp 的正面电极。Din 端是串行数据输入端。DCLK 是移位时钟输入端。在 Din 端数据有效期间，DCLK 端的一个负跳变可以把数据移入移位寄存器的最高序号位，即 MC145000 的第 48 位或 MC145001 的第 44 位，并且使移位寄存器原来的数据向低序号移动一位。MC145000 的最低位移入 MC145001 的最高位。串行数据由单片机的 P3.0 送出。首先送出 MC145001 的第一位数据，最后送出 MC145000 的第 48 位数据。数据"1"使对应的字段显示，"0"为不显示。MC145001 与 MC145000 的区别只是少了 F12 端对应的一列，其他对应关系都一样。

MC145000 带有系统时钟电路，在 OSCIN 和 OSCOUT 之间接一个电阻即可产生 LCD 显示所需的时钟信号。这个时钟信号由 OSCOUT 端输出，接到各片

MC145001 的 OSCIN 端。时钟频率由谐振电路的电阻大小决定，电阻越大，频率越低。使用 470kΩ 的电阻时，时钟频率约为 50Hz。时钟信号经 256 分频后用作显示时钟，其作用与静态时的方波信号一样，用于控制驱动器输出电平的等级和极性。另外这个时钟还是动态扫描的定时信号，每一个周期扫描 4 个背电极中的一个。由于背电极的驱动信号只在主驱动器 MC145000 发生，所以主从驱动器必须同步工作。同步信号由主驱动器的帧同步输出端 FSOUT 输出，接到所有从驱动器的帧同步输入端 FSIN，每扫描完一个周期，主驱动器即发一次帧同步信号，并且在这时更新显示寄存器的内容。

【例程 19】显示屏

LCD1602 液晶显示器是广泛使用的一种字符型液晶显示模块。在 LCD1602 上显示字符是学习单片机开发必须掌握的内容，可以应用于不同的单片机程序中。通过完成作业要求，可对 LCD1602 的应用获得更深层次的理解。

① 教授内容：教授 LCD1602 的用法。

② 作业需求：用 LCD1602 替代数码管。

③ 仿真电路：仿真电路如图例 7-3 所示。

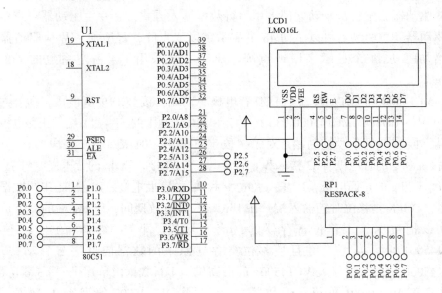

图例 7-3　仿真电路

外设器件有一个 LCD1602（LM016L）和一个排阻 RP1（RESPACK-8），LCD1602 的 7~14 引脚接入 P0.0~P0.7 接口，1 和 3 脚共地，2 脚接 V_{cc}；RP1 的 2~9 引脚接 P0.0~P0.7，1 脚接 V_{cc}。

　　分析这个外设电路能看出，当 P0.0、P0.2 和 P0.6 处于高电位时；LCD1602
会显示相应的字符。

　　④ 流程图：通过上述外设电路的分析，可以做出流程图，如图例 7-4 所示。

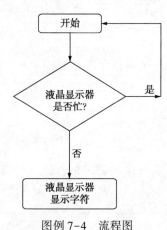

图例 7-4　流程图

　　⑤ 源程序：

main. c

```c
#include" reg51. h"
// 对数据类型进行声明定义
typedef unsigned int u16;
typedef unsigned char u8;
// 引脚定义
sbit RS = P2^5;
sbit RW = P2^6;
sbit EN = P2^7;
sbit busy = P0^7; // "忙"标志位
// 命令或数据线
#define LCD P0
// 字符串表
u8 code str2 \ [ \ ] = { "teach" } ;
u8 code str1 \ [ \ ] - { "LCD" } ;
/ * * *
* 函 数 名: CHECK_ BF
* 函数功能: 判断液晶显示器是否忙
```

```
* * */
void CHECK_ BF( ){
do
    {
        LCD=0xff;
        RS=0; // RS=0，选择指令寄存器
        RW=1; // RW=1，选择读模式
        EN=0; // 执行显示命令
        EN=1; // 允许读/写
    }
    while(busy); // busy 为高电平表示忙，循环等待
}
/* * *
* 函 数 名：WR_ COMM
* 函数功能：写命令
* * */
void WR_ COMM( ){
    RS=0; // RS=0，选择指令寄存器
    RW=0; // RW=0，选择写模式
    EN=0; // 执行显示命令
    CHECK_ BF( ); // 等待
    EN=1; // E=1，允许读/写 LCD
}
/* * *
* 函 数 名：WR_ DATA
* 函数功能：写数据
* * */
void WR_ DATA( ){
    RS=1; // RS=1，选择数据寄存器
    RW=0; // 准备写入数据
    EN=0; // 执行显示命令
    CHECK_ BF( ); // 判断液晶模块是否忙
    EN=1; // E=1，允许读/写 LCD
}
```

```
/ * * *
 * 函 数 名:INIT_ LCD
 * 函数功能:初始化
 * * * */
void INIT_ LCD( ){
u8 i=200; {
while( --i);
        LCD=0x38; // 清屏并光标复位
        WR_ COMM( ); // 写入命令
        LCD=0x0c; // 设置显示模式:8 位 2 行 5x7 点阵
        WR_ COMM( );
        LCD=0x06; // 显示器开、光标关、光标禁止闪烁
        WR_ COMM( );
        LCD=0x01; // 文字不动, 光标自动右移
        WR_ COMM( ); // 写入命令
    }
}
/ * * *
 * 函 数 名: main
 * 函数功能:主函数
 * * * */
void main( ){
u8 i;
    INIT_ LCD( ); // 调用初始化函数
// 写入第 1 行字符
    LCD=0x80; // 写入显示起始地址(第 1 行第 5 个位置)
    WR_ COMM( ); // 写入命令
for(i=0; i<3; i++){
        LCD=str1 \ [i\ ]; // 提取字符
        WR_ DATA( ); // 送出
    }
// 写入第 2 行字符
    LCD=0xc0; // 写入显示起始地址(第 2 行第 6 个位置)
    WR_ COMM( ); // 写入命令
```

```
for(i=0; i<5; i++){
        LCD=str2\[i\]; // 提取字符
        WR_ DATA(); // 送出
    }
    while(1); // 停止到这里
}
```

分析上面的程序，判断液晶显示器是否忙的功能由 CHECK_ BF 函数实现。该函数中判断 P0.7 端口是否为 0，也就是"忙"标志位是否为高电平。如果检测到了高电平，则循环等待；初始化功能由 INIT_ LCD 函数实现；写命令的功能由 WR_ COMM 函数实现；写数据的功能由 WR_ DATA 函数实现。

将这个文件加入 Keil 的工程中，并进行编译，即可在同一文件夹中生成 main. hex 文件。这个 hex 文件可以在 Proteus 中进行仿真，或者通过烧录器烧写进实体的 51 单片机中。

⑥ 作业提示：

作业中要求用 LCD1602 替代数码管。LCD1602 一共有 11 条指令，编写好 4 个函数，写命令、写数据、读状态和读数据，然后在函数的变量中写入指令的代码即可完成对 LCD1602 的操作。LCD1602 和数码管相比，接口少，且在直观程度上和亮度清晰度上都存在诸多优势，应综合考虑二者的选用。

7.3　日历与时间

【例程 20】日历与时间

DS1302 时钟芯片内含有一个实时时钟/日历和 31 个字节静态 RAM，实时时钟/日历能提供 2100 年之前的秒、分、时、日、日期、月、年等信息，每月的天数和闰年的天数可自动调整，时钟操作可通过 AM/PM 指示决定采用 24 小时或 12 小时格式。内部含有 31 个字节静态 RAM，可提供用户访问。

DS1302 与单片机之间能简单地采用同步串行的方式进行通信，使得管脚数量最少，与单片机通信只需 RES(复位线)、I/O(数据线)和 SCLK(串行时钟)三根信号线。

① 教授内容：教授日历芯片 1302 的用法。

② 作业需求：使用一个按键切换显示日历时间或电压输出值。

③ 仿真电路：仿真电路如图例 7-5 所示。

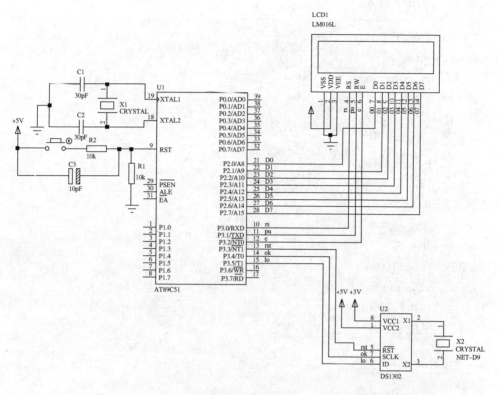

图例7-5 仿真电路

本例 Proteus 仿真是用 LCD1 显示，P2 口作为 1602 的数据，P3.0～P3.2 是对 LCD1602 做的控制，下面的 rst、clk、io 与 DS1302 相连，实现读取与写入的作用，VCC1 与 VCC2 分别接入+3V 功率与+5V 功率，X1 的精准频率设为 32.768kHz，左侧的 XTAL1、XTAL2、RST 分别接入的是时钟电路与复位电路。

④ 流程图：

通过上述外设电路的分析，可以做出流程图，如图例7-6 所示。

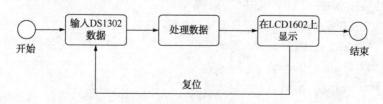

图例7-6 流程图

⑤ 源程序：

```
#include "reg51. h"
#include "intrins. h"
#define unsigned char u8
sbit RS = P3^0;
sbit RW = P3^1;
sbit E = P3^2;
sbit T_ RST = P3^3;
sbit T_ CLK = P3^4;
sbit T_ IO = P3^5;
u8 datechar[ ] = {"DATE:"};
u8 timechar[ ] = {"TIME:"};
u8 datebuffer[10] = {0x32, 0x30, 0, 0, 0x2d, 0, 0, 0x2d, 0, 0};
u8 timebuffer[8] = {0, 0, 0x3a, 0, 0, 0x3a, 0, 0};
u8 weekbuffer = {0x30};
void WriteB( u8 dat) { // 单字节写
    u8 i;
    for( i = 8; i>0; i--){
        T_ IO = dat&0x01;
        T_ CLK = 1;
        T_ CLK = 0;
        dat = at>>1;
    }
}
// 主程序
void main( ){
    initlcd( );
    W1302(0x8e, 0); // 关闭写保护
    W1302(0x8c, 0x21); // 打开年, BCD 码
    W1302(0x8a, 0x01); // 写入星期
    W1302(0x88, 0x05); // 写入月
    W1302(0x86, 0x31); // 写入日
    W1302(0x84, 0x18); // 写入时
```

```
        W1302(0x82, 0x44); // 写入分
        W1302(0x80, 0x30); // 写入秒
        W1302(0x8e, 0x80); // 打开写保护
    while(1){
            display();
        }
}
void W1302( u8 address, u8 dat){
    T_ RST = 0; T_ CLK = 0;
    _ nop_ (); _ nop_ ();
    T_ RST = 1;
    _ nop_ (); _ nop_ ();
    WriteB( address);
    WriteB( dat);
    T_ CLK = 1; T_ RST = 0;
}

u8 R1302( u8 address){
    u8 dat = 0;
    T_ RST = 0; T_ CLK = 0; T_ RST = 1;
    WriteB( address);
    dat = ReadB();
    T_ CLK = 1; T_ RST = 0;
    return( dat);
}
u8 ReadB( void){ // 单字节读
    u8 i, readdat = 0;
    for( i = 8; i>0; i--){
        readdat = readdat>>1;
        if( T_ IO) readdat | = 0x80;
        T_ CLK = 1; T_ CLK = 0;
    }
    return( readdat);
}
```

```
void writedat(u8 dat){
// 写数据函数 lcd 的下面这些函数
    RS = 1; // RS：数据/命令选择端
    RW = 0; // R/W：读/写选择端
    E = 0; // 使能端：下降沿有效
    P2 = dat;
    delay(5);
    E = 1; E = 0;
}
void writecom(unsigned char com){ // 写命令函数
    RS = 0; // RS：数据/命令选择端
    RW = 0; // R/W：读/写选择端
    E = 0; // 使能端：下降沿有效
    P2 = com;
    delay(5);
    E = 1; E = 0;
}
void initlcd(){ // 初始化 LCD1602
    writecom(0x38); // 0x38：设置 16×2 显示
    writecom(0x0c); // 0x0C：设置开显示，不显示光标
    writecom(0x06); // 0x06：写一个字符后地址指针加 1
    writecom(0x01); // 0x01：显示清 0，数据指针清 0
}
void display(){ // 显示函数
    int i = 0, temp = 0;
    temp = R1302(0x8d); // 读年
    datebuffer[2] = 0x30+temp/16;
    datebuffer[3] = 0x30+temp%16;
    temp = R1302(0x8b); // 读星期
    weekbuffer = 0x30+temp;
    temp = R1302(0x89); // 读月
    datebuffer[5] = 0x30+temp/16;
    datebuffer[6] = 0x30+temp%16;
    temp = R1302(0x87); // 读日
```

```
datebuffer[8] = 0x30+temp/16;
datebuffer[9] = 0x30+temp%16;
temp = R1302(0x85); // 读时
temp = temp&0x7f;
timebuffer[0] = 0x30+temp/16;
timebuffer[1] = 0x30+temp%16;
temp = R1302(0x83); // 读分
timebuffer[3] = 0x30+temp/16;
timebuffer[4] = 0x30+temp%16;
temp = R1302(0x81); // 读秒
temp = temp&0x7f;
timebuffer[6] = 0x30+temp/16;
timebuffer[7] = 0x30+temp%16;
writecom(0x80); // 0x80：LCD 第一行的起始地址
for(i = 0; i<5; i++) writedat(datechar[i]);
writecom(0xc0);
for(i = 0; i<5; i++) writedat(timechar[i]);
writecom(0x86); // 显示日历
for(i = 0; i<10; i++) writedat(datebuffer[i]);
writecom(0xc6); // 显示时间
for(i = 0; i<8; i++) writedat(timebuffer[i]);
writedat(' ');
writedat(weekbuffer); // 显示星期
}
```

　　分析上面的的主程序，首先需要在 DS1302 芯片上关闭写保护，如果不关闭写保护，是写不了下面的数据的，再依次写入年、星期、月、日、小时、分、秒等数据，注意它们是以 BCD 码的形式输入的，之后再打开写保护，完成对于时间的显示。

　　其他程序包括：对于 DS1302 的写与读的程序，LCD1602 的程序、显示的程序。

　　⑥ 作业提示：

　　作业中要求使用一个按键切换显示日历时间或电压输出值。首先需要写它的主程序，之后依次写其日历 DS1302 芯片的读写程序、LCD1602 的显示程序等。在其工作的过程中，需要设计一个按键来实现切换显示日历时间，并改变电压的输出值，之后还要能实现复位的功能。

参 考 文 献

[1] 王会良，王东锋，董冠强. 单片机 C 语言应用 100 例[M].3 版. 北京：电子工业出版社，2017.

[2] 林立，张俊亮. 单片机原理及应用[M].4 版. 北京：电子工业出版社，2018

[3] 彭伟. 单片机 C 语言程序设计实训 100 例[M].2 版. 北京：电子工业出版社，2012.

[4] 郭岩宝. 智能仪器原理与设计[M]. 北京：中国石化出版社，2021.

[5] 郭福田，原大明. 单片机应用基础教程[M].2 版. 北京：石油工业出版社，2016.

[6] 陈玉楼，刘邦先. 单片机原理及应用技术[M]. 北京：科学出版社，2015.

[7] 李林功，吴飞青，王一刚，等. 单片机原理与应用[M]. 北京：机械工业出版社，2014.

[8] 王思明，张金敏，苟军年，等. 单片机原理及应用系统设计[M]. 北京：科学出版社，2012.

[9] 赵全利. 单片机原理及应用教程[M].4 版. 北京：机械工业出版社，2020.

理论结合实验　　例程实战演练

通过以下线上资料，更快学习本书内容：

例程视频演示

书中例程操作视频

对照每个书中的例程，手把手教授操作

例程工程实例

书中例程工程文件

电子电路图、源代码以及相关资源

辅助扩展资料

单片机辅助配套资料

学习单片机所需的工具下载，省去查找麻烦

扫描二维码
获取配套资料